JewelCAD
珠宝设计实用教程

实用全彩版

李冯君 魏敏 / **主编**

律师声明

北京市中友律师事务所李苗苗律师代表中国青年出版社郑重声明：本书由著作权人授权中国青年出版社独家出版发行。未经版权所有人和中国青年出版社书面许可，任何组织机构、个人不得以任何形式擅自复制、改编或传播本书全部或部分内容。凡有侵权行为，必须承担法律责任。中国青年出版社将配合版权执法机关大力打击盗印、盗版等任何形式的侵权行为。敬请广大读者协助举报，对经查实的侵权案件给予举报人重奖。

侵权举报电话

全国"扫黄打非"工作小组办公室　　　　　中国青年出版社
010-65233456　65212870　　　　　　　　010-50856028
http://www.shdf.gov.cn　　　　　　　　　E-mail: editor@cypmedia.com

图书在版编目（CIP）数据

JewelCAD 珠宝设计实用教程 / 李冯君，魏敏主编．— 北京：中国青年出版社，2011.9
ISBN 978-7-5153-0198-3
Ⅰ.①J… Ⅱ.①李… ②魏… Ⅲ.①宝石 — 计算机辅助设计 — 应用软件，JewelCAD — 教材
Ⅳ.①TS934.3-39
中国版本图书馆 CIP 数据核字（2011）第 181756 号

JewelCAD珠宝设计实用教程

李冯君　魏敏　主编

出版发行：中国青年出版社
地　　址：北京市东四十二条21号
邮政编码：100708
电　　话：（010）50856188 / 50856199
传　　真：（010）50856111
企　　划：北京中青雄狮数码传媒科技有限公司

策划编辑：郭　光　张　鹏
责任编辑：张　鹏
书籍设计：王世文

印　　刷：北京瑞禾彩色印刷有限公司
开　　本：787×1092　1/16
印　　张：12.5
版　　次：2015年5月北京第1版
印　　次：2018年8月第5次印刷
书　　号：ISBN 978-7-5153-0198-3
定　　价：69.00元

本书如有印装质量等问题，请与本社联系
电话：（010）50856188 / 50856199
读者来信：reader@cypmedia.com
投稿邮箱：author@cypmedia.com
如有其他问题请访问我们的网站：http://www.cypmedia.com

前 言
PREFACE

编写本书的意图

从古到今，珠宝首饰始终是人们钟情喜爱且渴望拥有的精美物品，同时，它又是显示财富和社会地位、个人爱好和素养的十分特殊的产品。本书概括了珠宝首饰的起源、变化、发展以及首饰设计的基础及制作工艺，介绍了JewelCAD在珠宝首饰设计中的应用方法。基于多年教学和调研经历，本人深知当今我国虽然在珠宝首饰的品种开发、技术水平和生产设备等方面取得了不少的进步，但是与国内外市场的更高、更新的品质要求和生产的科技含量以及可持续发展的要求相比，还存在一定的差距，所以本人尝试编写此书，让珠宝方面的专业人才以及有志于进入此领域的广大读者对珠宝首饰设计有一个全面的了解，通过此书，大家将对JewelCAD这个软件有更新的了解，能更好地将其运用于首饰设计中。

本书的教学模式

- 本书从初学者的角度出发，规划了一套上手快、容易学的独特教学模式，按照"操作"、"理论"、"实例"、"总结"4个环节展开。
- 每一章节都有操作步骤的演示、实例的制作和综合训练等，帮助读者理解基本概念并掌握操作技巧，实现对JewelCAD各种技能的熟练运用。
- 每个章节含有学习建议和学习目标，帮助读者快速了解每章重难点，并把握学习的节奏和要领。
- 章节中还安排了综合实例，帮助广大读者及时巩固所学知识点，并培养灵活运用所学内容的能力。

适用的范围

本书适用于正准备学习或者正在学习JewelCAD的初级读者。本书充分考虑到初学者可能遇到的困难，讲解全面深入，结构循序渐进，读者在掌握了知识要点后能够有效总结，并通过实例操作巩固所学知识，提高学习效率。

本书的编写和出版包含了很多人的辛苦工作。感谢中国青年出版社的约稿，感谢每位作者的辛勤努力。同时也要感谢中国地质大学江城学院艺术与传媒学部珠宝教研室夏妍老师、汪晓娇老师，还有珠宝专业的部分学生们，他们的合作以及精彩的设计作品使此教材得以充实,在此真诚感谢!

尽管本书在编写过程中力求完美,但限于时间和水平,书中难免存在欠妥之处,请专家和读者不吝赐教,批评指正。

作　者

目录 CONTENTS

PART 01 了解珠宝首饰设计

Chapter 01 珠宝首饰设计基础

1.1 首饰的概念与文化内涵 … 12
    1.1.1 原始时代首饰 … 12
    1.1.2 现代首饰设计 … 13

1.2 首饰的功能及分类 … 14
    1.2.1 首饰的功能 … 14
    1.2.2 首饰的分类 … 16

1.3 常见首饰的类型及画法 … 17
    1.3.1 首饰设计方式 … 17
    1.3.2 首饰的画法 … 18

1.4 首饰设计与加工 … 22

PART 02 JewelCAD 基础操作

Chapter 02 JewelCAD 操作界面

2.1 JewelCAD 界面 … 24
    2.1.1 标题栏 … 24
    2.1.2 菜单栏 … 24
    2.1.3 工具栏 … 25
    2.1.4 工作区 … 25
    2.1.5 状态栏 … 26

2.2 JewelCAD 绘图环境的设置 … 27
    2.2.1 设置颜色 … 27
    2.2.2 设置目录 … 28
    2.2.3 设置热键 … 28
    2.2.4 设置背景图片 … 29
    2.2.5 设置网格 … 29

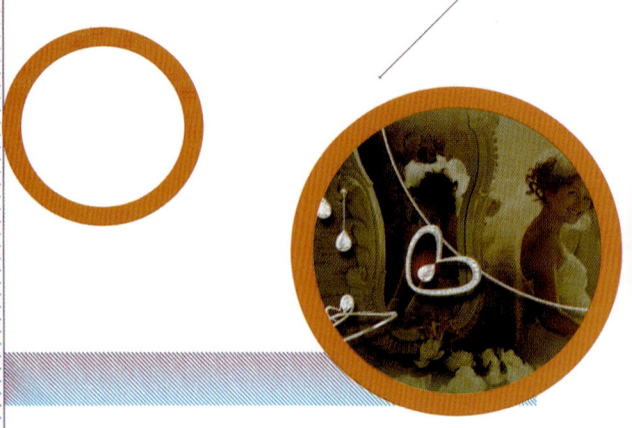

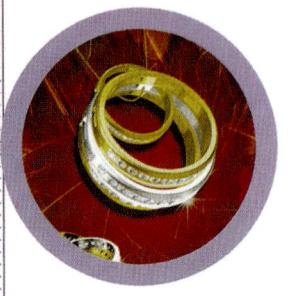

Chapter 04
曲线（Curve）的绘制

4.1 任意曲线	35
4.2 左右对称线	36
4.3 上下对称线	36
4.4 旋转 180° 曲线	37
4.5 上下左右对称线	37
4.6 直线重复线	38
4.7 环形重复线	38
4.8 多重变形	39
4.9 徒手画	40
4.10 直线	41
4.11 圆形	41
4.12 多边形	42
4.13 螺旋	43
4.14 修改	44
4.15 封口曲线	45
4.16 开口曲线	45
4.17 倒序编号	46
4.18 增加控制点	47
4.19 连接曲线	48
4.20 切开曲线	49
4.21 偏移曲线	50
4.22 中间曲线	51
4.23 曲线长度	51

Chapter 03
JewelCAD 的基本操作命令

3.1 "选取"（Pick）菜单	30
3.2 "复制"（Copy）菜单	31
3.3 "变形"（Deform）菜单	32
3.4 "曲线"（Curve）菜单	34
3.5 "曲面"（Surface）菜单	34

Chapter 08
JewelCAD 首饰建模综合实例

8.1 镶口的设计建模   99
    8.1.1 三爪镶戒指的设计构思   99
    8.1.2 三爪镶戒指的设计步骤   99
    镶口的制作
    戒指爪的制作
    戒指圈的制作

8.2 戒指的设计建模   103
    8.2.1 光圈女戒的设计构思   103
    8.2.2 光圈女戒的设计步骤   103
    戒指 1
    戒指 2
    8.2.3 光圈男戒的设计构思   107
    8.2.4 光圈男戒的设计步骤   107
    创建基本戒指圈

8.3 吊坠的设计建模   109
    8.3.1 心形吊坠的设计构思   109
    8.3.2 心形吊坠的设计步骤   109
    心形吊坠的建模

8.4 简单套件首饰建模   110
    8.4.1 设计主题构思   110
    灵感来源
    设计变形
    设计创作
    8.4.2 电脑设计操作步骤   111
    单件首饰建模

    修改材质
    图片渲染处理

8.5 复杂套件首饰建模   118
    8.5.1 复杂套件《Cloud》设计
    主题构思   118
    灵感来源
    设计变形
    设计创作
    复杂套件《Cloud》的设计建模
    8.5.2 复杂套件《巴黎魅影》
    设计主题构思   126
    灵感来源
    设计变形
    设计创作
    单件首饰建模
    8.5.3 复杂套件《轮》首饰建模   138
    灵感来源
    设计变形
    设计创作
    单件首饰建模

PART 04

Jewel CAD 珠宝首饰设计中级进阶指导

Chapter 09
JewelCAD 首饰设计进阶指导

9.1	导轨和切面量度的关系	146
9.2	"UV – Map 映射"命令的应用	147
9.3	螺旋曲线的应用	148
9.4	添加新对象到资料库中	149
9.5	创建或修改新的材料	151

附录 1	戒指的国际尺寸	153
附录 2	圆钻型切割宝石尺寸	154
附录 3	生日石、结婚周年纪念宝石	154
附录 4	首饰常用计量单位的换算	155
附录 5	珠宝首饰的镶嵌方法	156
附录 6	常见贵金属表面处理方法	157
附录 7	宝石琢型刻面加工工艺	157
附录 8	流行时尚首饰设计图片欣赏	158

主要参考文献   200

Chapter 05
曲面（Surface）的生成

5.1 直线延伸曲面　　　　　53

5.2 纵向环形对称曲面　　　54

5.3 横向环形对称曲面　　　55

5.4 多重变形　　　　　　　56

5.5 线面连接曲面　　　　　58

5.6 管状曲面　　　　　　　59

5.7 导轨曲面　　　　　　　62

5.8 圆柱曲面　　　　　　　66

5.9 角锥曲面　　　　　　　67

5.10 球体曲面　　　　　　 67

5.11 封口曲面　　　　　　 68

5.12 开口曲面　　　　　　 69

5.13 倒序编号　　　　　　 70

5.14 增加控制点　　　　　 70

5.15 平滑度　　　　　　　 71

5.16 U/V 互换　　　　　　 73

5.17 反转曲面面向　　　　 73

5.18 偏移曲面　　　　　　 74

5.19 V-曲线　　　　　　　 74

Chapter 06
杂项（Misc）菜单

6.1 布林体　　　　　　　　76

6.2 块状体　　　　　　　　78

6.3 宝石　　　　　　　　　79

6.4 多面体　　　　　　　　80

6.5 文字　　　　　　　　　81

6.6 辅助线　　　　　　　　82

6.7 存光影图　　　　　　　83

6.8 切薄片　　　　　　　　84

6.9 展示薄片　　　　　　　85

6.10 数控加工　　　　　　 86

6.11 数控展示　　　　　　 87

6.12 STL 输出　　　　　　 88

6.13 测量　　　　　　　　 88

6.14 量度距离　　　　　　 89

6.15 圆形宝石数量　　　　 89

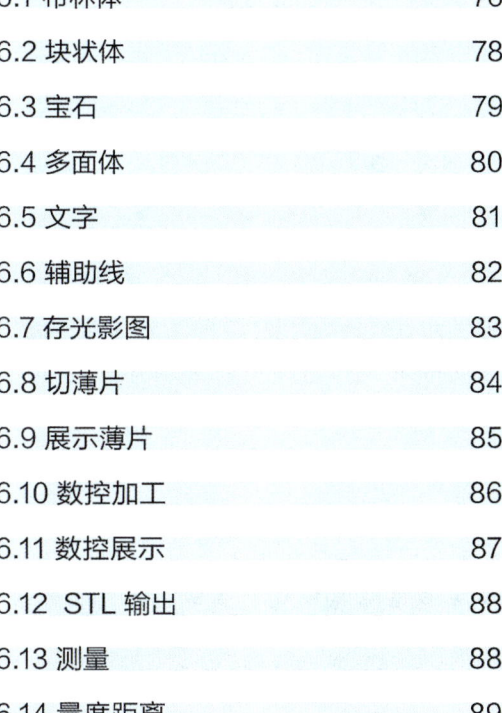

PART 03

JewelCAD 首饰设计实例

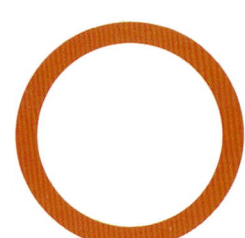

Chapter 07　JewelCAD 的操作命令实例

7.1 "复制"实例　　　　　　　　91
设计主旨
设计构思创作
范例步骤　戒指 1 设计
范例步骤　戒指 2 设计
范例步骤　戒指 3 设计

7.2 "变形"实例　　　　　　　　94
设计主旨
设计构思创作
范例步骤　戒指 1 设计
范例步骤　戒指 2 设计
范例步骤　戒指 3 设计

7.3 "曲线"实例　　　　　　　　97
设计主旨
设计构思创作
范例步骤　吊坠设计

7.4 "曲面"实例　　　　　　　　98
设计主旨
设计构思创作
范例步骤　项链设计

01 了解珠宝首饰设计

PART

学习建议

随着经济发展、珠宝首饰宣传力度的加大和宝石知识的普及，越来越多的人对首饰产生了兴趣，并有足够的经济能力佩戴自己喜爱的珠宝首饰，传统的单纯保值心理已逐渐被同时追求保值与美丽的心态所取代。本章的内容不需要记忆过多的知识要点，但在学习的过程中需要对首饰设计基础方面的知识有所了解，为后面的学习打好基础。

重点案例

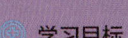

心形宝石的画法　　祖母绿型宝石的画法

学习目标

- 了解珠宝首饰的起源
- 基本掌握首饰金属及宝石的画法

CHAPTER 01 珠宝首饰设计基础

◆ **本章学习时间**
共40分钟，其中20分钟学习首饰的概念、内涵以及设计要素，另外20分钟学习宝石以及金属的画法。

◆ **本章学习要点**
① 了解首饰的文化内涵
② 掌握首饰设计的思维方式
③ 熟练掌握宝石以及金属的画法

1.1 首饰的概念与文化内涵

首饰最初的起源是远古的实用物件，人们在生产劳动过程中把劳动工具打制成简单的石质工具并配以树叶、兽皮等来装饰自己的身体。首饰设计是人造美饰物的实践活动，是人类文明发展到一定阶段的产物。早在旧石器早期，人类用树叶、鸟羽毛、贝壳以及动物的骨头作为衣服装饰，就带有首饰设计的初级美学思想和实用性基础，用来装饰自己的羽毛及树叶，是经过精心选择的，至于那些挂在脖子上、腰上或手腕上的小砾石、小动物骨头或兽齿，除了人类最早的无意识的装饰行为外，其真正的作用恐怕还是为了计数或记事的需要。我国的石器时期出现的首饰、殷商时期的首饰、秦汉时期的首饰、隋唐时期的首饰，一直到宋元明清时期的首饰，体现出我国首饰的发展历程。在不同的朝代，首饰都彰显着自己的特色，从粗糙简单的首饰到现在琳琅满目的镶嵌首饰，不体现出首饰的内涵。近百年来，中国在继承悠久历史、汲取外来文化以及注重材料和设备研究的基础上，首饰设计进入了新的发展阶段，也出现了很多优秀的首饰设计作品。

1.1.1 原始时代首饰

在原始时代，人与大自然朝夕相处，与太阳、月亮、星星、河水以及飞禽走兽相依为伴，他们非常崇拜大自然界赐予他们赖以生存的物质。这些物质深深地印在他们的脑海中，成为一种具有神奇力量的图腾。从饰物的材料、形式、组合方式看，低硬度的用料、接近材料原形的简单加工形式，以及相同形状的重复组合是这个时期的主要特征，它代表了原始首饰的开端。到新石器时期，人类的装饰意识已在首饰的制作方面充分显露出来，许多地方挖掘出来的文物反映出这个时期装饰品的材美工精。在形状的规则性、主观性、表面处理的光洁度、精细程度以及材料的选择和改造上，已远远超出实用的需要，体现了比较明确的审美和装饰意识。从旧石器时期到新石器时期原始首饰的变化来看，制品在不断地精细化、美观化。随着当今生活物质文明水平的提高，人类的视野感官在不断开阔，知识也在不断积累，解决问题的能力在不断提升，人们在试图掌握这些超自然的力量，找到保护自身安全的手段，原始首饰正是在物质与精神一体化思想指导下设计制造出来的。这种寄物予人心的观念在现代首饰设计中仍占有非常重要的位置。原始人类的物质生产水平低下，精神世界狭窄而神秘,以现代人的世界观去分析古代,或按现代人的逻辑去推断原始首饰的起源和发展,会与实际情况存在相当大的距离,这种"不可知性"导致了多种观点共存的局面。原始社会的首饰特征主要是利用磨制技术,对石器进行更精细的加工,并经过磨光、钻孔并穿绳,大大增加其实用的功能。在制造过程中,人们已形成了直线与曲线、对称与均衡、方与圆等一些基本的形式法则,进一步应用磨光和刻纹等技术,把石块、海贝、兽骨等制成装饰品,甚至还染成红色加以美化。图1-1为原始时代首饰。

图 1-1 原始时代首饰

史前首饰主题形式的起源追踪、首饰主题出现在人类艺术史中的准确日期是很难考证的,但考古学家为我们提供了一些推断的证据:当语言使史前人可以与他的同伴交流,当直立使他们可以用手工作以及制作自己的工具时,他可以满足自己的需要,以及使用物体作为中介物,将其直接与现实联系,表达自己的情感。比如尼安德塔尔人(已绝种的石器时代原始人)在公元前50000年就会简单地切割和抛光象牙、石头、骨头或木头。此时,一个最初的、直接来源于自然的物质形式成为主题,即使它只是植物的花、叶或柄。

1.1.2 现代首饰设计

当今的人们的认识水平在不断提高,对于审美的要求也越来越高,人们对美的认识是周期性循环、螺旋式上升的。现代首饰运用在服装、箱包等一些具有实用价值的物品上,在造型设计上有了新的突破。在首饰设计风格上,突出主题、突出个人魅力、追求完美效果以及对材质质地的讲究都代表首饰的发展已经在装饰功能又上了一个台阶。

在现代首饰设计中,开始出现讲究实用性的多功能首饰、适合大批量生产的时尚首饰、引领潮流的展览和参赛首饰、消费者参与制作或者设计的套件首饰、传统文化的仿古首饰以及情侣婚庆和节日纪念的热销首饰等。设计并制作成一个完美、成功的首饰,必须具备以下几个条件。

- ▼ 首饰的实用性与功能性。
- ▼ 首饰的潮流性。
- ▼ 首饰材质的多样性。
- ▼ 消费者的青睐性。

现代首饰设计规律是:设计师在充分考虑到金属材料和宝石原料、首饰类型、美观性、时代性、社会性以及成本产值等诸多因素的基础上,根据市场要求进行设计,经过加工制作,投入市场,在得到市场反馈后,进一步调整设计,以满足不断提高的社会要求。图1-2为现代首饰。

从整个中国设计界对传统的认识和态度来看,我们还处于一个初步的阶段,有的借鉴还停留在

图 1-2 现代首饰

形式层面上。设计艺术是创造，不是简单的摹仿，是透过物质反映出人类思想的实践，是美与用的统一、艺术与科学的结合，形象思维与抽象思维的交融。首饰设计的美明确地要求外观美，要求形式与内容的统一，要求美与用的结合，形式美对首饰设计具有决定性意义。首饰设计更是具有很明显的社会现实性，它要求不断地改变创新，可以说是一项追求时尚的行业。在考虑审美的同时，还要研究其实用性和经济性，并以此为基础发挥人的主观独创性，这样才能达到现代设计思想的要求。装饰是以秩序化、规律化、程式化为要求，创造合乎人的需要、与人的审美理想相统一和谐的美的形态。艺术的起源可以说是以装饰的出现为标志的，同为图案之美，绘画与设计具有一些美学上的共同点，但相比之下，绘画的美强调主观个性，而设计的美具有很强的时效性，而且受到工艺水平的制约。

小搜贴士课　首饰设计特点比较

为了更好地了解现代首饰的设计特点及风格，可到珠宝首饰设计网中搜索一些比较流行的首饰饰品进行比较，选择特殊的首饰材质及设计风格进行比较学习。

1.2 首饰的功能及分类

首饰是人人皆知的一个词语。在大家的心目中，首饰总是与美丽、精巧、珍贵相连的。那么首饰到底具有何种功能以及如何分类呢？我们将在下面一一论述。

1.2.1 首饰的功能

首饰的社会功能极大地丰富和发展了首饰业，使首饰业作为一个完整、独立的行业而存在于社会众多行业中。根据首饰起源发展的几种心理动因，我们可以将首饰的功能粗略地分为以下三种。

1. 人体装饰功能

传统首饰注重的是材料贵重和工艺精良，首饰的造型、材料和佩戴方式在几十年乃至一百年都是一成不变的。人们在继承传统过程中很少有创新，在传统思想的禁锢下，更谈不上首饰的个性张扬。而现代首饰受现代设计思潮影响，其设计中的艺术性已显著提高。它摆脱了传统首饰固有的模式，首饰的艺术形式得到了很大的拓展，变得更为个性化、人性化和多样化，与传统首饰已大相径庭，形成了自己独特的风格。因为艺术是情趣的表现，所以现代首饰已成为现代情趣美的表现形式。现代信息化使得电视、摄影、录像进入到千家万户，人们不再以艺术还原生活为目的，而是以艺术表现情感和志趣，更多地以深入人的精神、抚慰人的心灵为标准。人们可以从现代的流行首饰、时装首饰，以及历届各种形式的国际、国内的首饰设计比赛的优秀首饰作品中，捕捉到现代首饰流行和发展的影子。首饰的传统手工艺设计已经向现代艺术设计过渡，不仅在造型上讲究现代构成的形式美感，也传达了一定的思想和文化内涵。它的表现内容是多方面的，有对大自然的向往、对传统文明的追忆、对现代文明的反思、对人类精神层面的探索等。这种表现思想和文化内涵的媒介功能是现代首饰的一大特色，反映出现代人对首饰艺术美的追求。这些首饰无不体现出现代人的情思和意趣，它们也许并不名贵，却受到了多数人的喜爱。相反，保守型和实用型名贵首饰却遭受冷落。显然，现代首饰的新价值观在一定意义上超脱了传统的装饰与美化的范畴，它需要表现出设计者或佩戴者一定的文化品位，表现出人们的情感和志趣的追求，这一点与现代艺术有异曲同工之处。因此，首饰已由单纯的装饰品向表达一定思想内容的艺术品转变，已经是人体装饰品和艺术品相结合的产物，而实际上它已成了人们表现情趣美的载体，图 1-3 为具有装饰功能的首饰。

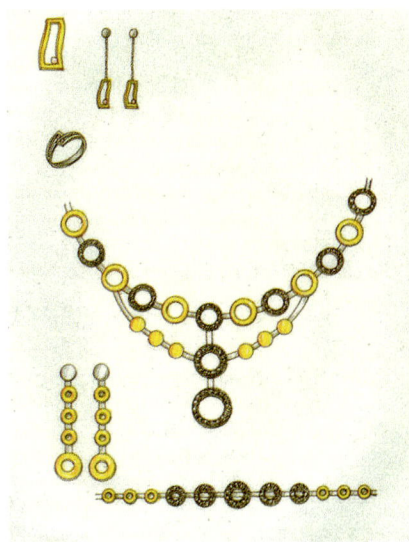

图 1-3 具有装饰功能的首饰

2. 社会功能

首饰的社会功能是在阶级和私有制观念出现后逐渐形成的，在史前的"大同"社会中，一切财富均是公有，一旦氏族部落中出现阶级分化，部落中有权有势的统治阶级可能将一切有用的财富据为己有，本来就稀有的身体装饰品为少数人所拥有，它逐渐成为一种身份和地位的标志，被大多数人所追求和向往。在饰品具有的"人体装饰功能"、"宗教功能"之外，又增加了另一种在一定时期尤为突出的社会功能，这种社会功能在不同历史阶段和不同的社会文化背景中具有相承性和普遍性，同时又具有各自的特色。在等级森严的社会中，它更多地体现为一种政治阶级功能，比如在中国古代有"镇圭尺有二寸，天子守之；命圭九寸，公守之；命圭七寸，侯守之；命圭六寸，伯守之"的制度。在西方，首饰同样体现为一种地位等级的标志物，中世纪规定钻石只有王公贵族才能佩戴。

3. 宗教功能

在我国民族传统文化中，首饰的佩戴除了具有原始的装饰意义之外，更具有其社会的功用意义。比如在一些场合，首饰的佩戴既要体现着中国传统道德规范又要符合民间习俗规定的一些礼

仪形式，还要受到宗教信仰和图腾崇拜的制约。因此，传统首饰的装饰不仅仅是为了纯粹的审美，它更多地体现了其民族、族群的民间风俗。如果说人类最初对首饰的要求并非出自明确的审美目的，而往往停留在生理感受上的满足或者是出自宗教信仰和图腾崇拜，那么，随着社会变革和文化艺术的进化，特别是当人们真正从首饰的造型中体验而获得美感之后，有关首饰的审美观念就逐步得以形成和发展。现代首饰作为现代服饰的重要组成部分，它主要佩戴在人体的几个最引人注意的部位。因此，首饰可以说是整体着装的点睛之处，它映衬出人们着装之灵气，也突出地反映了佩戴者的审美品位和时尚特征。服装和服饰发展到了今天，除了保暖和遮体等实用功能外，追求美已成为人们着装的重要目的之一。今天的人们选择服装的首要考虑因素就是美观，款式陈旧、式样难看的服装即便其质地再好也没有人愿意穿。因此，追求美的心理已经在很大程度上影响着服装与服饰的发展与变化，有时候要甚于其实用性。由于首饰是人们着装的灵气之处，同时，首饰并没有与服装一样的保暖和遮体等实用功能，随着现代文明的到来，宗教信仰和拜物图腾以及传统礼仪对首饰佩戴的影响也逐渐淡化了，购买首饰追求保值和佩戴首饰来显示财产地位的观念也已经过时。图 1-4 民族性首饰。

图 1-4 民族性首饰

因此，现代首饰已不再是一种象征权力、力量、勇气和富裕的标志，已变得平民化、装饰化、个性化，其社会功能已发生了根本的变化，从而导致了首饰的内涵和造型都有了翻天覆地的改变。随着物质文明和生活水平的提高，在人类生活越来越多元化的今天，现代首饰日益被人们视为体现时代精神、展示个性气质以及抒发情感意趣的艺术品。因此，与审美观念相关联的情趣消费的时尚意识已成为现代首饰的主要功能之一。这给予了现代首饰设计前所未有的自由表现空间，现代首饰设计开始以追求纯粹的主观意象的空间构形作为设计理念，来引导消费群体不断地丰富情感和志趣的追求。

在漫长的珠宝首饰发展史中，三者各领风骚，同时又相互影响和渗透，共同丰富和完善了珠宝首饰文化，但在不同历史时期，其作用不同。在早期，珠宝首饰仅作为一种人体的装饰品，发挥的仅是装饰功能，随着巫术、宗教的出现，首饰在其装饰功能之外又被赋予了一种宗教功能，而且宗教功能在一定时期某一特定文化背景中的作用甚至超过了首饰最原始最根本的装饰功能。

小贴士 授课　　**怎样才能设计出好作品**

在首饰设计美学中，对形式要素和感觉要素都要有所考虑，所以设计者必须运用形态和色彩的基本元素，以及从生理学和心理学的角度对这些元素进行选择和匠心独运的组合，才能设计出更好的首饰作品。

1.2.2 首饰的分类

首饰是佩戴在人体外露部位的特殊装饰物，分为纯金属首饰、镶宝金属首饰和珠宝玉石首饰三大类，包括发饰、耳饰、颈饰、手饰、足饰、服饰等品种。

1. 按材料分类

纯金属类首饰分为贵金属以及非金属类，其中贵金属首饰为黄金（足金、22K、18K、14K、10K、9K、8K），铂（PT999、PT990、PT950、PT900、PT850、PT750）以及银（纯银、925银）。常见金属有铁（多为不锈钢）和镍合金、金属铜及其合金、铝镁合金和锡合金，图1-5为纯金属首饰。

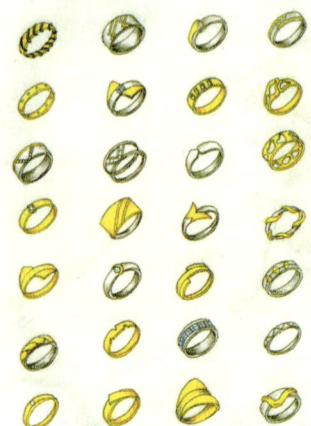

图1-5 纯金属首饰

非金属首饰包括：皮革、绳索、丝绢类；塑料、橡胶类；动物骨骼、贝壳类；木料、植物果实类；宝玉石及各种彩石类；玻璃、陶瓷类。

2. 按工艺手段分类

镶嵌类首饰分为如下几种。

高档宝玉石类：钻石、翡翠、红蓝宝、祖母绿、猫眼、珍珠等。

中档宝玉石类：海蓝宝石、碧玺、丹泉石、尖晶石等。

低档宝玉石类：石榴石、黄玉、水晶、橄榄石、青金石、绿松石等。图1-6为镶嵌首饰。

非镶嵌首饰包括：足金、足黄金、足铂金、K金类。

图1-6 镶嵌首饰

3. 按用途分类

流行首饰包括大众流行：追求首饰的商品性；个性流行：追求首饰的艺术性、个性化。艺术首饰包括收藏首饰夸张、不易佩戴、供收藏用；摆件首饰：供摆设陈列之用；佩带首饰：倾向实用性的艺术造型首饰。

4. 按装饰部位分类

发饰：包括发卡、钗等；冠饰：冠、帽徽；耳饰：耳钉、耳环、耳线、耳坠；脸饰：包括鼻部在内的面部装饰物（多见于印度饰物）；颈饰：包括项链、项圈；胸饰：吊坠、链牌、胸针、领带夹；手饰：包括戒指、手镯、手链、袖扣；腰饰：腰带、皮带头。

1.3 常见首饰的类型及画法

常见首饰的类型有单件首饰、套件首饰（两件套、三件套、四件套、五件套）、多用首饰、时装首饰，以及流行首饰和纪念首饰。

1.3.1 首饰设计方式

现代首饰是以图案为基础的一种实用装饰美术，它之所以被称为设计而不是绘画艺术上所用的"创作"，是因为前者是造型设计，而后者是一次完成的艺术。珠宝首饰"设计"绝对不是绘制一些悦目的图纸，必须是通过材料选用及加工，构成预期款式的样品或产品才算完成。为此，"设计"必须认真考虑首饰的可加工性，以及材料成本和加工条件及费用等因素。每位设计师的世界观和审美观念在设计过程中都会充分显露出来。同时，思维方式和设计方法无疑也是相当重要的，只有敢于思考，善于思考，注意继承发展、接受和应用新观念、新材料、新工艺，才能不断地针对各种新专题寻找最佳解决方案，实现最合理、最美好的设计。千百年来，历代设计师的设计方式大致有以下三种。

1. 摹仿设计方式

摹仿是一种最基础、最基本的设计方式。首先是外形造型上的摹仿，一般摹仿的素材是人物、动物、植物等，图 1-7 为花卉摹仿设计首饰。还有的摹仿形式是无形的物质，例如生活中的生活感受以及对一种美好物品的感官认识，这些都可以作为摹仿的设计原型。以大自然为主要源泉的装饰美术更是如此，但无论是从功能还是装饰上看，摹仿型设计思想都不是自然主义，它包含着创造性思维、反复思维设计，是创造性的初级形式，也是创造性设计思想的开端和基础。

图 1-7 花卉摹仿设计首饰

2. 传统设计方式

复古、传统的设计思想的普遍性、持久性是必然的。在现阶段的首饰设计中，具有中国风的传统首饰受到越来越多消费者的青睐。在珠宝首饰设计大赛中，复古、传统的主题也越来越多，古老的图腾以及复古的图案都是首饰设计中非常好的素材。但是传统设计思想与复古主义思想强调批判的成分，反对照搬陈旧，主张推出符合时代和民族传统特色的新设计风格。图 1-8 为采用传统设计方式设计的首饰。

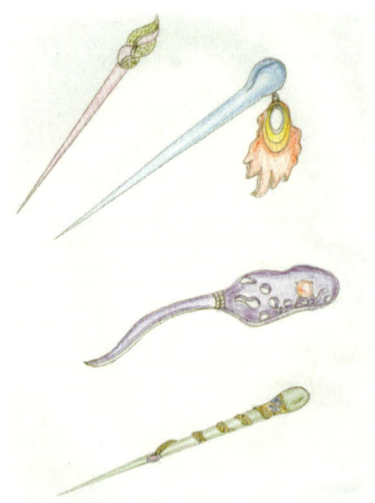

图 1-8 采用传统设计方式设计的首饰

3．夸张设计方式

夸张设计是认识上的突破和跳跃，它常常伴随着社会背景的重要变革。这种设计思想有显著的批判性，往往指向与传统截然相反的方向，避免

图 1-9 采用夸张设计方式设计的首饰

某些形态过于真实，给人刻板、呆滞的感觉，"取其精髓、去其糟粕"即为此理。夸张的设计方式是一种非常有效的设计方法，在一个设计的发展过程中总是会应用到夸张的方法，这样可以去掉一些中规中矩的信息，使设计的主题得到更明确的表达，也使得这件作品不论在视觉还是美学角度，都更加和谐。图 1-9 为采用夸张设计方式设计的首饰。

> **小课堂贴士** **绘画工具的使用**
> 要很好地掌握各种宝石以及贵金属的画法，平常要加强基础线条练习，在工具方面应选择彩色铅笔、水彩或以水粉等工具，另外还要学习透视学基础，运用透视学的原理和方法能很快掌握首饰画法的基本技巧。

1.3.2　首饰的画法

珠宝首饰作为天地之灵气、人间之美饰，自古为人们，特别是女人们所钟爱，所以有人说珠宝是女人一生的朋友。近年来，随着人们生活水平的提高，越来越多的人拥有了享有珠宝首饰的能力，作为珍贵的装饰艺术品，只有根据不同个体的生理特点、气质修养、佩戴氛围等精心选配，才能充分体现出佩戴者的独有气质。根据佩戴人的年龄、职业、形体、肤色、气质，配合服装特色，设计师才能设计出更具有个性化的珠宝首饰，这也是高档珠宝首饰的设计发展方向。

刻面型宝石指外形（琢型）轮廓由若干个小平面围成的几何多面体的宝石。又称"小面型宝石"、"棱面型宝石"、"翻面型宝石"，而丰富多彩的宝石只有通过阴影、高光等光影效果才能较理想地在设计图纸上表现出来，各种常见的宝石琢型的具体画法见图 1-10 至图 1-13 所示。对于刻面宝石，先将左上角的主刻面和台面的右下角作为高光留白，将所有的棱角留白，然后在高光以外的其他地方涂满较浅的色调，其他部分则以较深的颜色填实，也可以在台面中心画上"米"字形白色的放射线，完成宝石的着色。

贵金属的光泽、凹凸、质感、曲直、薄厚可以用设计图中的线条变化、阴影和高光的明暗反差以及流畅的曲线勾画出来，图 1-15 与图 1-17 所表现的是贵金属的基本画法。贵金属的着色方法也是在所有金属部分涂以主色调，而后在明暗交界线及光不能直接照到的阴影区涂上较暗的颜色，最后在高光区涂白。图 1-14 为宝石上色图，图 1-16 为宝石效果图。

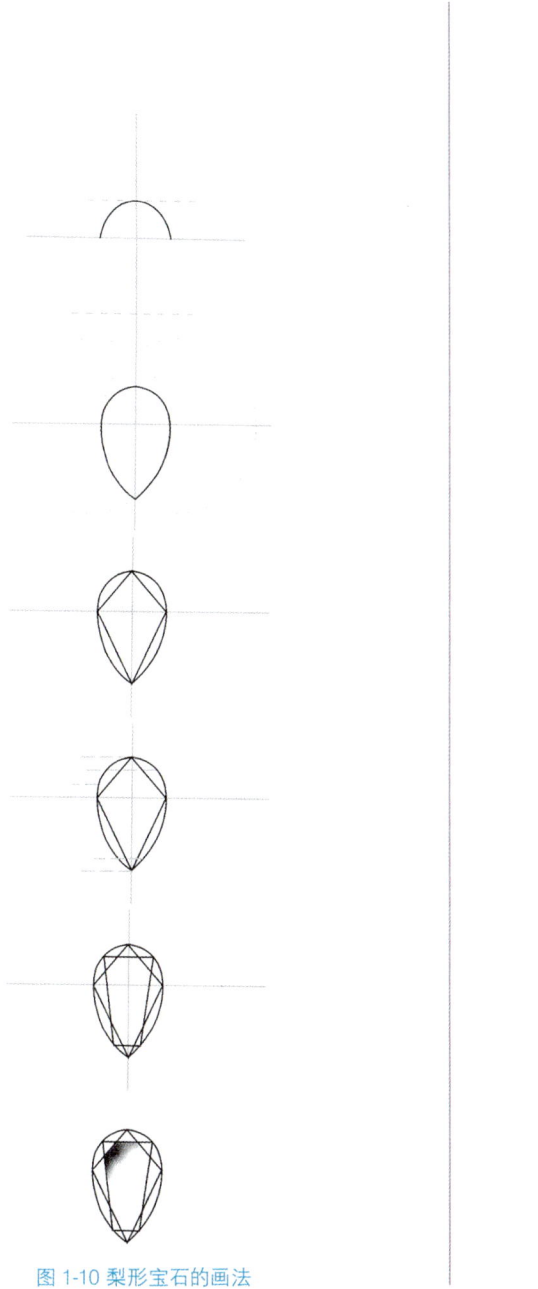

图 1-10 梨形宝石的画法

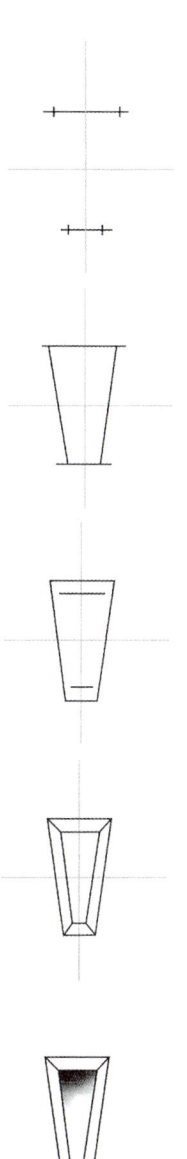

图 1-11 梯形宝石的画法

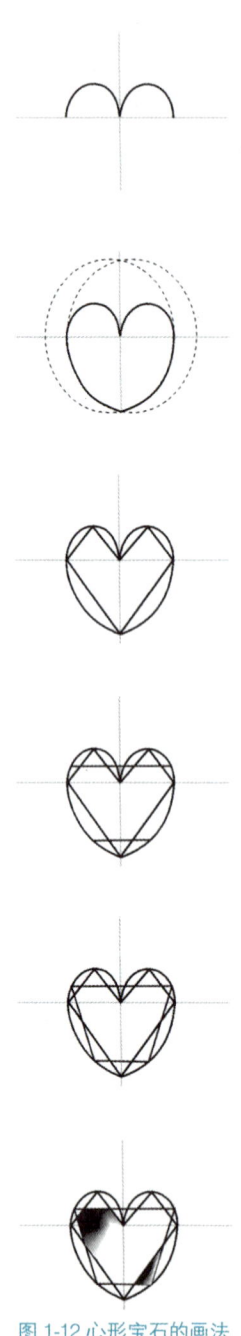

图 1-12 心形宝石的画法

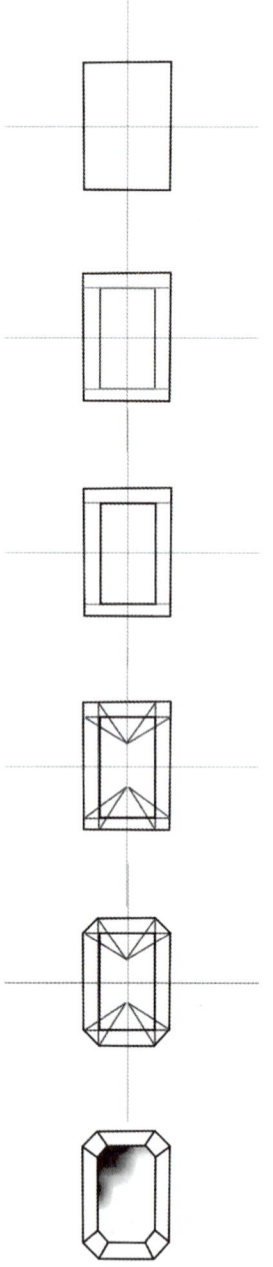

图 1-13 祖母绿型宝石的画法

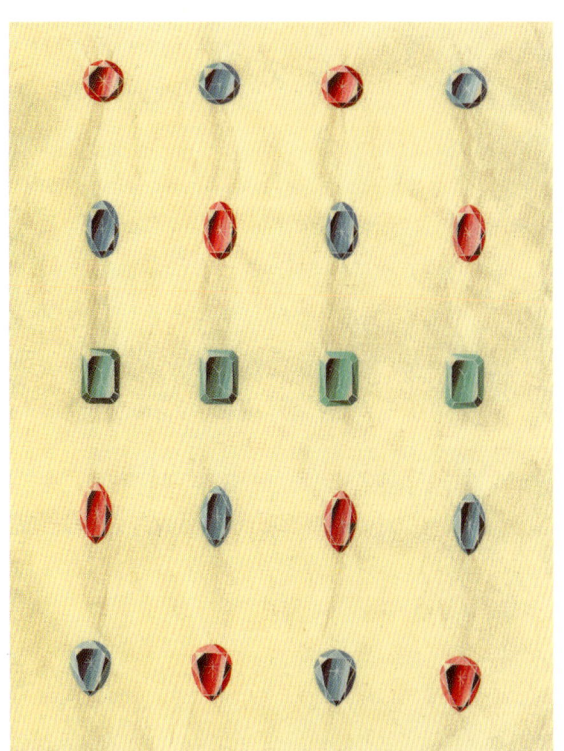

图 1-14 宝石上色

图 1-16 宝石效果

图 1-15 金属上色

图 1-17 黄金金属

1.4 首饰设计与加工

如同宝石鉴定与加工一样，首饰设计与首饰加工也是密不可分的。不懂设计的加工师傅，最多只能达到中级工的加工水平；不懂加工的设计师根本不能算一个好的设计师，因为其设计的只是一件纸上谈兵的艺术品。只有既懂首饰设计，又懂首饰加工的人才才能成为真正的首饰工艺美术师。只有那些技术娴熟、有加工绝活，又能因材创意设计的工艺美术师才能晋升至工艺美术大师的行列。铸造工艺在首饰制作中占有重要地位。工艺的特殊性，成就了独特的艺术效果和批量生产的可能性。首饰的设计与制作就是要利用铸造工艺的优势，追求金属熔铸中丰富的、特殊的艺术效果。铸造材料的范围很广，不同的金属或合金能铸造出不同质感、不同量感的丰富多彩的现代首饰。首饰设计师或艺术家掌握了与首饰有关的多种铸造技术，就能利用铸造工艺的特殊性，尝试新的造型手段与装饰手法，并在设计时把握工艺制作的可行性和金属材料在铸造工艺中的可塑性，使整个设计构思能尽善尽美地得到表达。而在制作时又能发现和利用一些特殊的工艺效果并及时把握一些偶然性效果，加强形式美感、强化构思、材料、工艺三位一体的整体设计意识。

1. 金属镶嵌

有许多首饰和工艺品是通过两种以上金属的色彩和质地的对比，或者金属与非金属材质的对比来达到装饰效果的。不同金属的拼接组合、嵌接、错金、木纹金属等，技术是金属工艺品中最常出现的。

2. 镶嵌非金属材料

非金属嵌接的材料包括木头、象牙、骨、塑料、树脂、玻璃和宝石等，把它们与金属结合的目的是产生色彩的对比、材质的对比和肌理效果的对比。嵌接非金属材料的程序基本与嵌接金属相似，比如在金属板上用方型金属丝焊出一个网状的框架结构，在框架的空档中嵌填如乌木、象牙、树脂、珐琅之类的材料。固定嵌入材料的方法有胶合、树脂粘合、针栓、铆合或用围边的金属挤住，嵌接非金属材料，要在整个工件已彻底完成焊接、基本抛光之后进行。镶嵌非金属材料的首饰如图1-18 镶嵌珍珠的首饰，此套首饰将金属与珍珠完美的结合在一起，体现出珍珠的高贵大方；以及如图1-19 镶嵌玉石类的首饰。此套设计运用流畅的线条与块状的金属结合，使首饰的美感增强。

图1-18 镶嵌珍珠的首饰

图1-19 镶嵌玉石类的首饰

02
PART

JewelCAD 基础操作

本章节主要介绍 JewelCAD 最基本的操作知识，初识软件界面、基本的操作命令、曲线的绘制、曲面的生成以及杂项菜单，通过此章节的学习，熟练掌握 JewelCAD 的基本操作方法，为后面的设计打下坚实的基础。

学习建议

重点案例

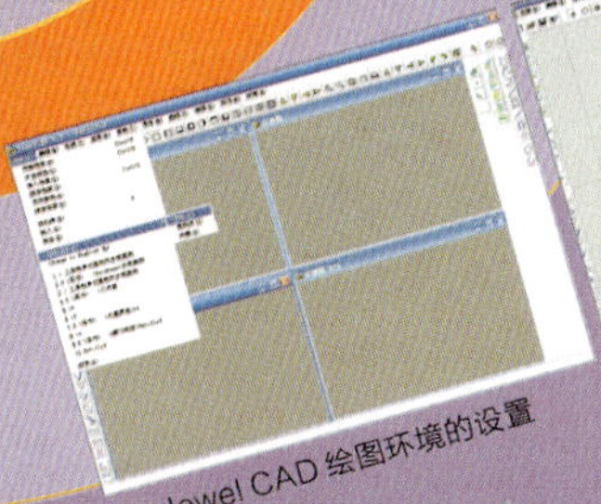

Jewel CAD 绘图环境的设置

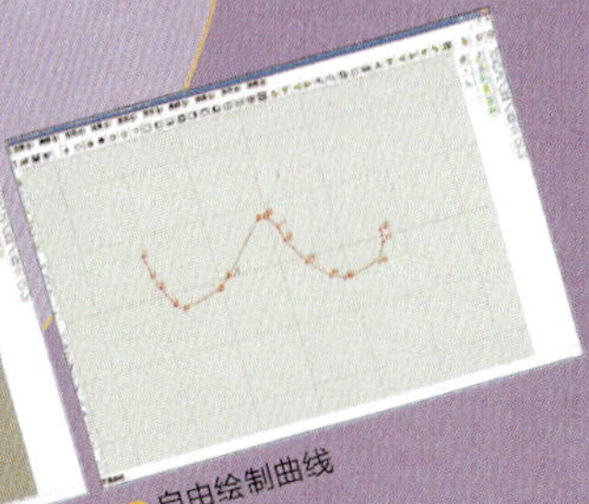

自由绘制曲线

学习目标

- 了解 JewelCAD 的基础操作，熟悉软件界面
- 基本掌握曲面以及曲线的应用

CHAPTER 02 JewelCAD 操作界面

本章学习时间
共40分钟,其中20分钟学习JewelCAD的基本操作界面,剩余20分钟学习绘图环境的设置。

本章学习要点
❶ 了解JewelCAD的基本界面
❷ 设置JewelCAD绘图环境

2.1 JewelCAD 界面

界面的用处
在学习 JewelCAD 时应清楚地了解操作的界面布局,为后面的操作做好准备。

首先来熟悉一下JewelCAD 5.1的用户界面,如图2-1所示。

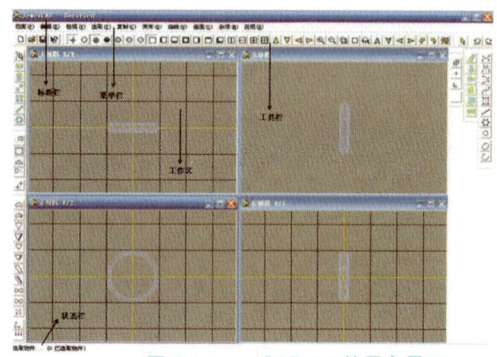

图2-1 JewelCAD 5.1 的用户界面

2.1.1 标题栏

标题栏用于显示所打开文件的名称以及正在编辑的文件名称。标题栏的右侧是窗口的最小化、最大化和关闭按钮,如图2-2所示。

图2-2 标题栏

2.1.2 菜单栏

菜单栏中包含 JewelCAD 5.1 的所有命令,它是根据命令功能来分组的,包括"档案"、"编辑"、"检视"、"选取"、"复制"、"变形"、"曲线"、"曲面"、"杂项"以及"说明"命令,如图2-3所示。

图2-3 菜单栏

2.1.3 工具栏

工具栏中包含一些常用的操作命令,直接单击相应的工具按钮即可执行相应的操作,工具栏中包括档案工具栏(如图2-4所示)、视图工具栏(如图2-5所示)、复制工具栏(如图2-6所示)、变形工具栏(如图2-7所示)、曲线工具栏(如图2-8所示)、曲面工具栏(如图2-9所示)以及布林体工具栏(如图2-10所示)。

图 2-4 档案工具栏

图 2-5 视图工具栏

图 2-6 复制工具栏　　　　　　　　图 2-7 变形工具栏

图 2-8 曲线工具栏

图 2-9 曲面工具栏　　　　　　　　图 2-10 布林体工具栏

2.1.4 工作区

工作区是绘制图形的区域,绘图区有单视图(如图2-11所示)、双视图(如图2-12所示)、四视图(如图2-13所示),这三种类型的视图显示模式。

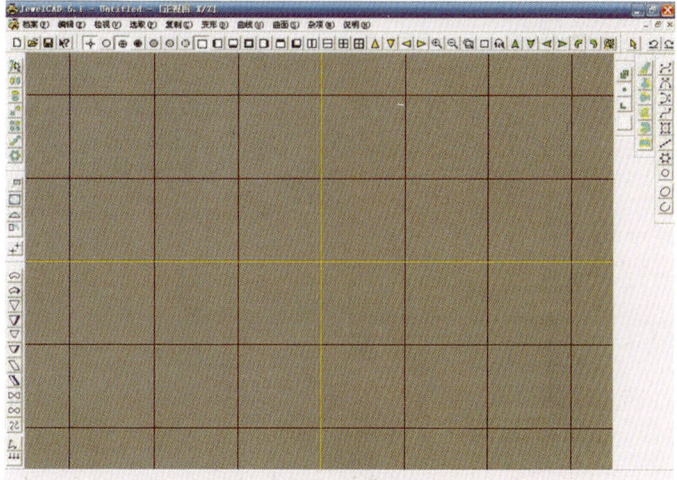

图 2-11 单视图

工具栏的作用

在工具栏中,开启新档的意思是在设计首饰前开启空白档案,开启旧档的意思是接着以前没做完的首饰文件开始设计。

单视图的作用

在复杂的首饰设计中,通常我们会用到右图的单视图来绘制复杂图形,以便能够看得更清楚。

设计师点睛

视图介绍

右图为双视图模式，主要表现为正视图和右视图；右下方为四视图模式，主要表现为上视图、正视图、右视图和立体图。

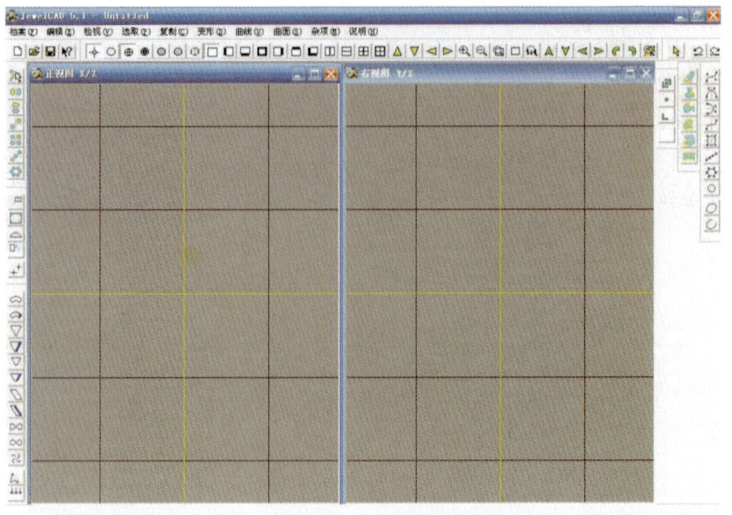

图 2-12 双视图

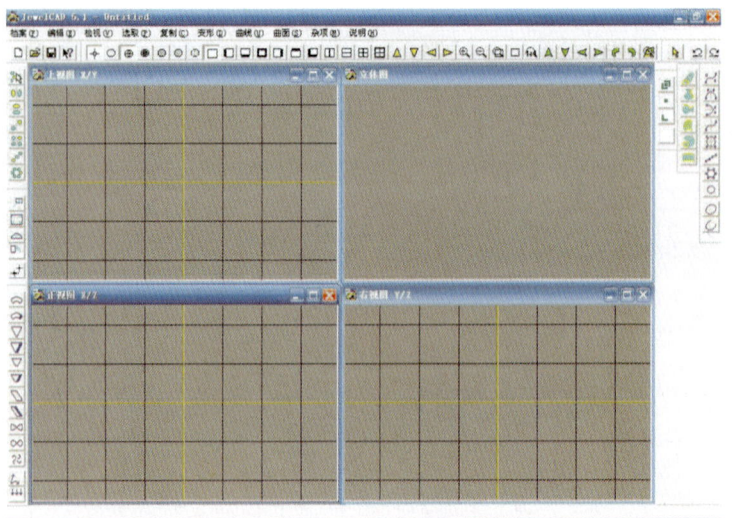

图 2-13 四视图

2.1.5 状态栏

状态栏主要起到提示作用，提示用户当前应进行的操作，并显示物体的坐标以及当前命令等，如图 2-14 所示。

选取物件...（1 已选取物件）

图 2-14 状态栏

2.2 JewelCAD 绘图环境的设置

JewelCAD 环境设置是指对颜色、目录、热键、背景图片以及网格的设置。

2.2.1 设置颜色

选择"档案 > 系统设定 > 颜色"命令，如图 2-15 所示，可以根据个人喜好进行颜色的调整。

单击"颜色"命令后，即弹出"颜色设定"对话框，如图 2-16 所示，如需调整颜色，则在相应的颜色图标上单击，弹出对话框，进行颜色的修改，如图 2-17 所示。

颜色对话框的使用

在设定颜色时，单击颜色图标即弹出一个对话框，在对话框中有很多色块可以选择。

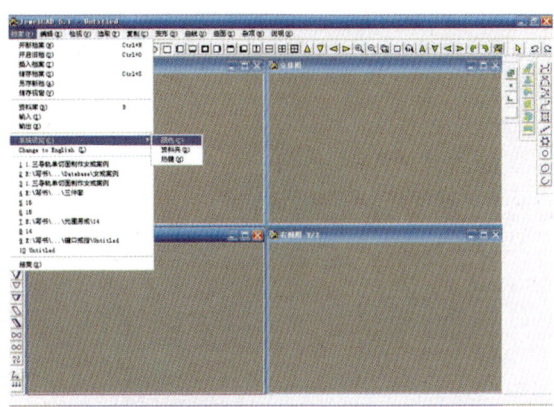

图 2-15 "档案 > 系统设定 > 颜色"菜单命令

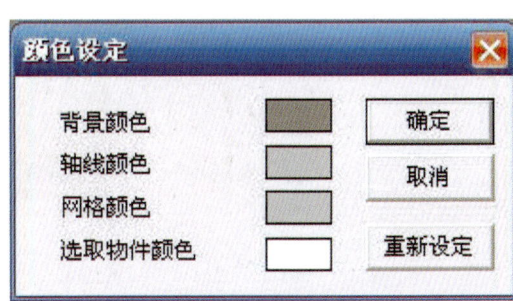

图 2-16 "颜色设定"对话框

技术点拨

在设定颜色时，建议把背景的颜色调为深色，选取的颜色调为亮色，这样在制作时，颜色比较分明，容易操作。

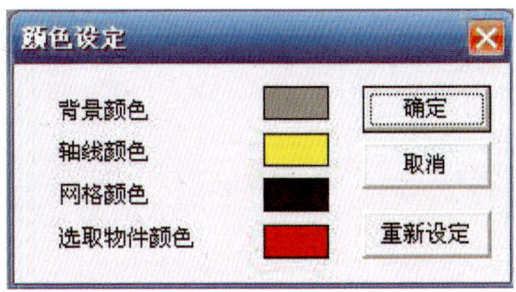

图 2-17 设定新颜色

资料库介绍

资料夹中包含金属、宝石以及多种材料，在制作时，可根据设计首饰的不同，选择不同的材料。

2.2.2 设置目录

选择"档案＞系统设定＞资料夹"命令，设置本地数据库和材质库的目录，如图 2-18 所示。在单击"资料夹"命令后，即弹出"JewelCAD 资料夹"对话框，如图 2-19 所示。如需修改目录，只需单击"资料库"或"材料"按钮即可。选取相应的目录后，单击"确定"按钮。

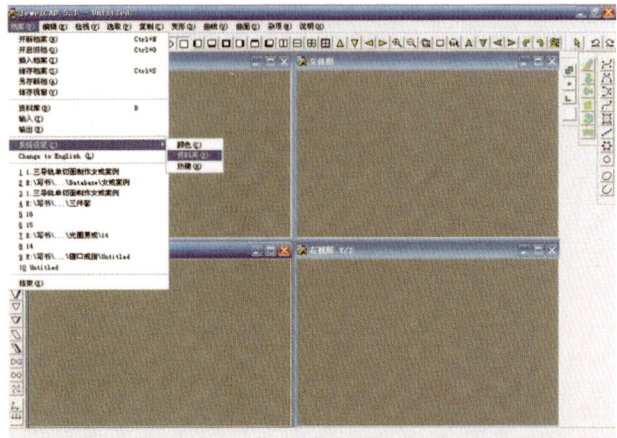

图 2-18 "档案＞系统设定＞资料夹"菜单命令

图 2-19 "JewelCAD 资料夹"对话框

2.2.3 设置热键

设置热键可以让软件操作更便捷。在使用工具时可以直接使用热键来选择工具，选择"档案＞系统设定＞热键"命令，如图 2-20 所示。在绘制首饰设计图时，热键可以大大提高效率，在弹出的对话框中可设置操作热键，如图 2-21 所示。

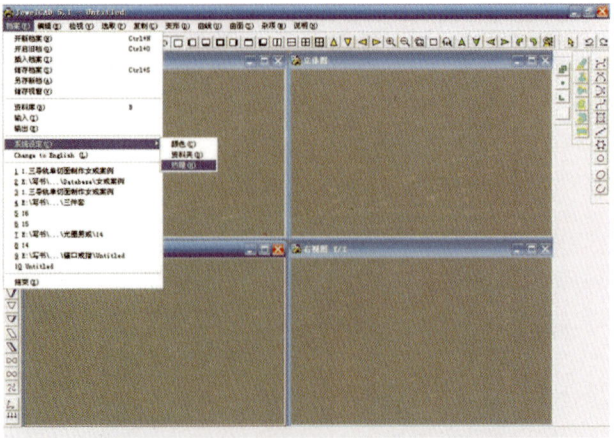

图 2-20 "档案＞系统设定＞热键"菜单命令

学习初识界面的作用

初识 JewelCAD 界面和一些基础的功能操作，熟练地掌握这些对于初学者来说非常重要，学好了本章节对后面的学习有极大的促进作用。

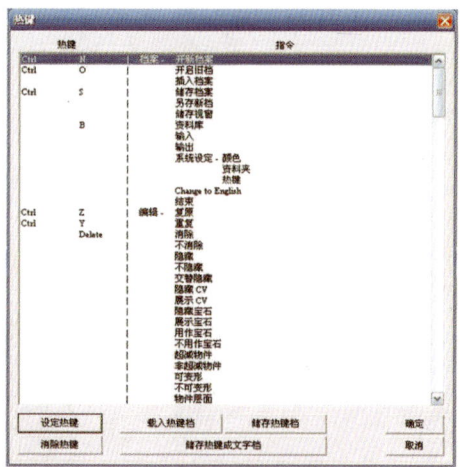

图 2-21 "热键"对话框

2.2.4 设置背景图片

利用"检视"菜单下的"背景"命令可以在工作区放置一幅图片作为背景。选择"背景"命令后，弹出如图 2-22 所示的对话框。单击"浏览"按钮，选择需要的图片，图片的格式只能是 BMP 格式，然后单击"打开"按钮，返回"背景图像"对话框，单击"确定"按钮。

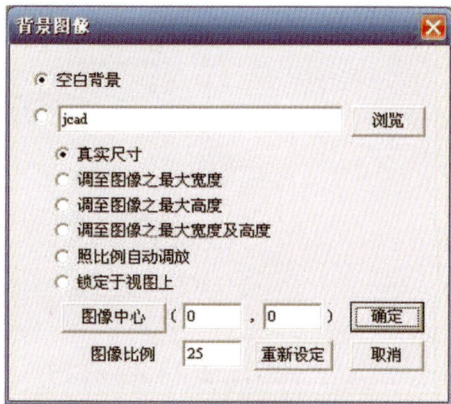

图 2-22 "背景图像"对话框

2.2.5 设置网格

网格对设计者起到标尺的作用，可以根据标尺的大小以及长度来衡量首饰的实际大小。若要设置网格，则选择 "检视" 菜单下的"网格"命令，弹出如图 2-23 所示的对话框。

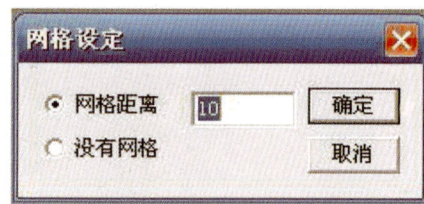

图 2-23 "网格设定"对话框

CHAPTER 03 JewelCAD 的基本操作命令

本章学习时间
共50分钟，其中10分钟学习"选取"菜单命令，剩余40分钟学习"复制"、"变形"等菜单命令。

本章学习要点
1. "选取"、"复制"菜单
2. "变形"、"曲线"菜单命令
3. "曲面"菜单命令

关于操作命令

在本章节中主要介绍了最基本的操作命令以及各个命令的使用方法，并通过图表的形式罗列出各个操作命令的界面，任何复杂的首饰设计都是通过基础的操作命令来实现的，在本章的学习中要好好掌握各种操作命令。

"选取"菜单是该软件最基本，也是最简单的操作命令，如图3-1所示。

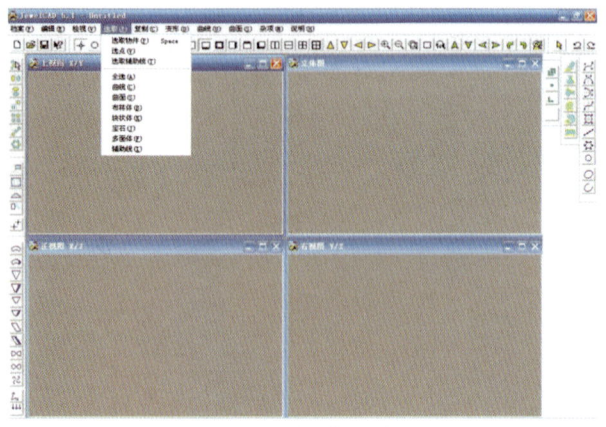

图 3-1 "选取"菜单

"选取物件"命令：用来更改物体的选中与未选中的状态，当选择该物体时，该物件的网格颜色为白色，这种状态可以进行编辑，而再次单击该物体时，选中的状态被取消，物体将显示它所在图层的颜色。

"选点"命令：用来更改物体的CV点的被选中与未选中状态，可以通过鼠标的左键点选出CV点，按住鼠标左键拖动CV点，反之，单击鼠标右键取消选择状态。

"选取辅助线"命令：用来更改辅助线的选中与未选中状态。

"全选"命令：用于选中图像中所有的物件，但不包括辅助线。

"曲线"命令：用来选取画面中所有的曲线，但不包括辅助线。

"曲面"命令：用来选择画面中的所有曲面。

"布林体"命令：用来选择画面中的所有布林体。

"块状体"命令：用来选择画面中所有块状体。

"宝石"命令：用来选择画面中所有宝石。

"多面体"命令：用来选择画面中所有多面体。

"辅助线"命令：用来选择画面中所有选中的物体近为处于显示状态的辅助线。

3.2 "复制"（Copy）菜单

"复制"菜单也是较常用的命令，如图3-2所示。

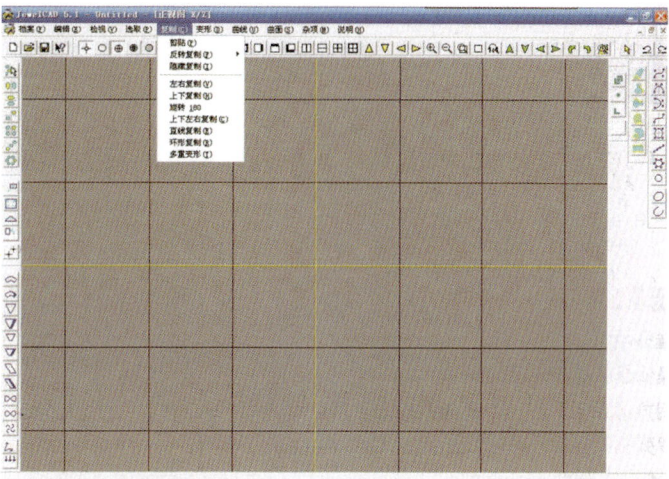

图3-2 "复制"菜单

"剪贴"命令：用来将一个对象粘贴（复制）到不同的地方。进行该操作时，先选择要复制的对象，再选择"剪贴"命令，这时选择的对象被剪切，然后进入到粘贴的模式。

"反转复制"命令：先选择要复制的对象，再选择该命令，将选中的物体在空中旋转90°并复制，该命令包含了4种旋转复制方式，分别是反上、反下、反左、反右。

"隐藏复制"命令：用来复制一个对象，并将复制出来的对象隐藏。

"左右复制"命令：用来以纵轴为对称轴对象，左右对称复制，复制出来的对象与原对象关于纵轴对称。

"上下复制"命令：用来将选中的对象以横轴为对称轴，上下对称复制，复制出来的对象与原对象关于横轴对称。

"旋转180°复制"命令：用来将选中的对象旋转180°复制，复制出来的对象以坐标原点为中心旋转180°后与原对象重合。

"上下左右复制"命令：用来将选中的对象以横向对称、纵向对称和旋转180°对称的方式复制出3个对象。

3.3 "变形"(Deform) 菜单

"旋转"命令

旋转命令是相对于世界坐标和原点旋转，如选择变形物件坐标，则是围绕物件本身的坐标和原点旋转。

"变形"菜单如图 3-3 所示。

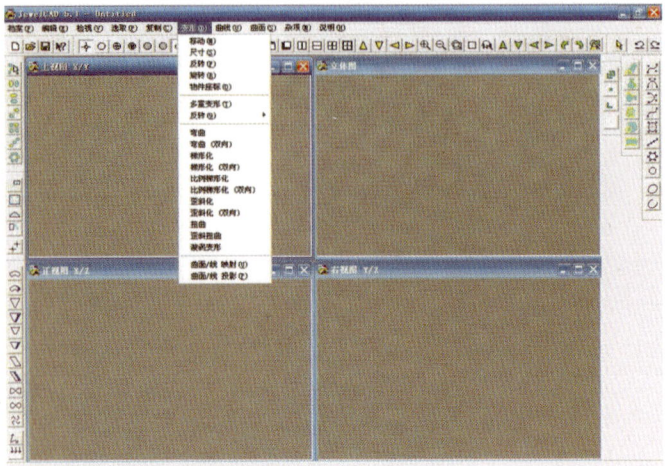

图 3-3 "变形"菜单

"移动"命令：用来移动对象，在执行此命令时，对象应处于被选中的状态，再选择"移动"命令进入移动操作模式。

"尺寸"命令：用来改变对象的尺寸大小。

"反转"命令：用来在三位空间反转对象，改变对象的方向。

"旋转"命令：用来在平面上旋转对象，改变对象的方向；

"物件坐标"命令：用来切换当前变化的坐标系，可以在物件坐标和世界坐标之间切换。

"多重变形"命令：用来同时改变对象的大小、位置、方向等属性，如图 3-4 所示，可以设定参数，单击"确定"按钮，即可按照设置的参数对对象进行变形。

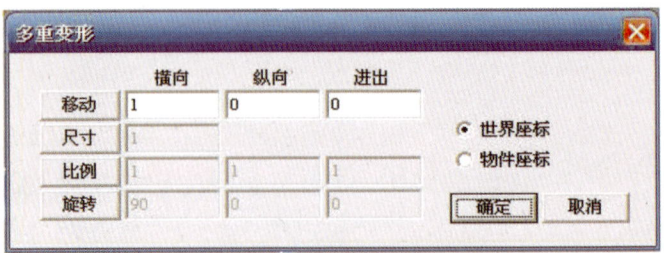

图 3-4 "多重变形"对话框

"反转"命令：用来将对象翻转 90°，该命令包含了 4 种翻转方式，分别是反上、反下、反左、反右。

"弯曲"命令：用来在特定的方向弯曲物体。

"弯曲（双向）"命令：用来在两个方向弯曲对象。

"梯形化"命令：用来将对象变成梯形。

曲面/线映射原理

在使用曲面/线映射时,要将物体映射到曲线或者曲面上,首先要确定映射的方向和范围。

"比例梯形化"命令:用来将对象成比例地梯形化,梯形的长边和短边的变化是成比例的。

"比例梯形化(双向)"命令:用来将对象的两边同时成比例地梯形化,梯形的长边和短边的变化是成比例的。

"歪斜化"命令:用来在横轴方向让物体产生歪斜。

"歪斜化(双向)"命令:用来在横轴和纵轴坐标轴方向上歪斜对象,使对象同时在两个方向上歪斜。

"扭曲"命令:用来对物体进行扭曲变形操作。

"歪斜扭曲"命令:通过面的歪斜化来扭曲对象。

"涡流变形"命令:用来将对象变形出涡流的效果。

"映射"命令:用来将选择的对象或者是CV点映射到曲面或曲线上,映射是将一个物体分布到另一个物体上。选择"映射"命令后,会弹出如图3-5所示对话框的,简单地说,映射的原理就是,一条简单的波浪线和一个正方形的物体,通过"映射"命令将正方形的物体变成波浪形的物体。

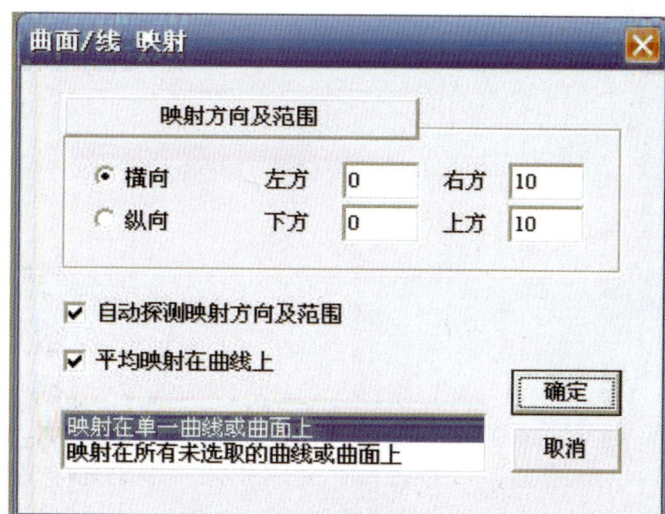

图3-5 "曲面/线 映射"对话框

"投影"命令:用来将对象或者对象的CV点投影到曲线或者曲面上。

3.4 "曲线"(Curve)菜单

曲线修改

在绘制曲线时,如果绘制出现错误,可利用曲线中的"修改"命令进行修改。

"曲线"菜单中包含"任意曲线"、"左右对称线"、"上下对称线"、"旋转180°"、"上下左右对称线"、"直线重复线"、"环形重复线"、"多重变形"、"徒手画"、"直线"、"圆形"、"多边形"、"螺旋"、"修改"、"封口曲线"、"开口曲线"、"倒叙编号"、"增加控制点"、"连接曲线"、"切开曲线"、"偏移曲线"、"中间曲线"、"曲线长度"等命令,如图3-6所示。

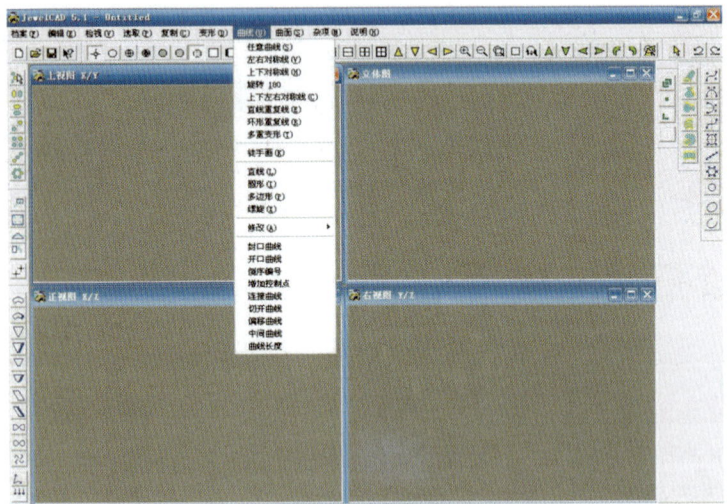

图3-6 "曲线"菜单

3.5 "曲面"(Surface)菜单

"曲面"菜单

在"曲面"菜单中,"V-曲线"命令的作用是封口曲面改变当前的曲面为V闭合曲面。"开口曲面"改变当前的曲面为V开口曲面。"倒序编号"命令使当前的曲面CV点倒序。

"曲面"菜单中包含"直线延伸曲面"、"纵向环形对称曲面"、"横向环形对称曲面"、"多重变形"、"线面连接曲面"、"管状曲面"、"导轨曲面"、"圆柱曲面"、"角锥曲面"、"球体曲面"、"封口曲面"、"开口曲面"、"倒叙编号"、"增加控制点"、"平滑度"、"U/V互换"、"反转曲面曲向以及偏移曲面"和"V-曲线"等命令,如图3-7所示。

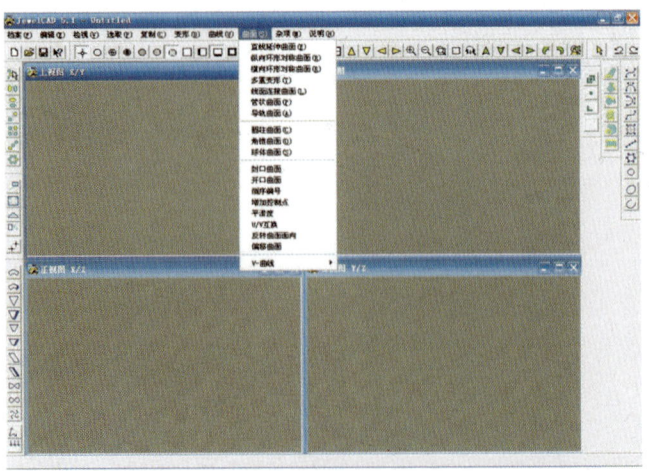

图3-7 "曲面"菜单

CHAPTER 04 曲线（Curve）的绘制

- 本章学习时间
  共160分钟，其中100分钟学习各种曲线的绘制方法，剩余60分钟学习曲线的调整方法。

- 本章学习要点
  ① 各种曲线绘制按钮的应用
  ② 曲线的调整方法

4.1 任意曲线

关于曲线绘制命令

绘制曲线是该软件最基本的操作命令之一，在设计任何一套首饰前都需要进行曲线的绘制与建模。

CV 节点的介绍

在绘制任意曲线时，CV 节点尤其重要，右图中的数字就是 CV 节点。

单击界面右侧的"任意曲线"按钮，可以创建任意的曲线，任意曲线是由曲线上的 CV 节点来控制的，所以对曲线的创建和编辑操作实际上就是对 CV 节点的创建和编辑操作。按住鼠标左键拖动可绘制需要的图形，如图 4-1 所示，图中的点就是曲线中的 CV 节点。

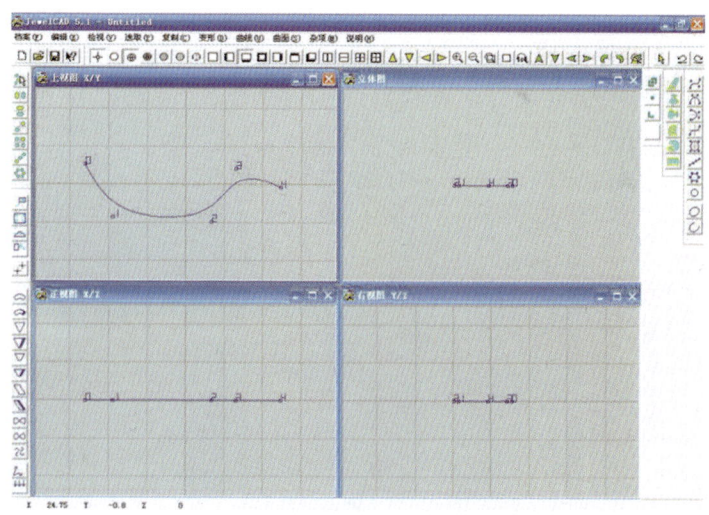

图 4-1 任意曲线的绘制

4.2 左右对称线

单击界面右侧的"左右对称线"按钮，可以绘制以操作视图的竖直轴为对称轴的曲线，即左右对称线。左右对称线的绘制与任意曲线的绘制惟一不同的是，左右对称线会以操作视图的竖直轴为对称轴左右同时出现对称的 CV 点，如图 4-2 所示。

> **"左右对称线"命令**
>
> "左右对称线"命令可产生一条左右对称的曲线。绘制操作和任意曲线相似，每单击一次左键会产生两个关于纵轴对称的 CV 点。

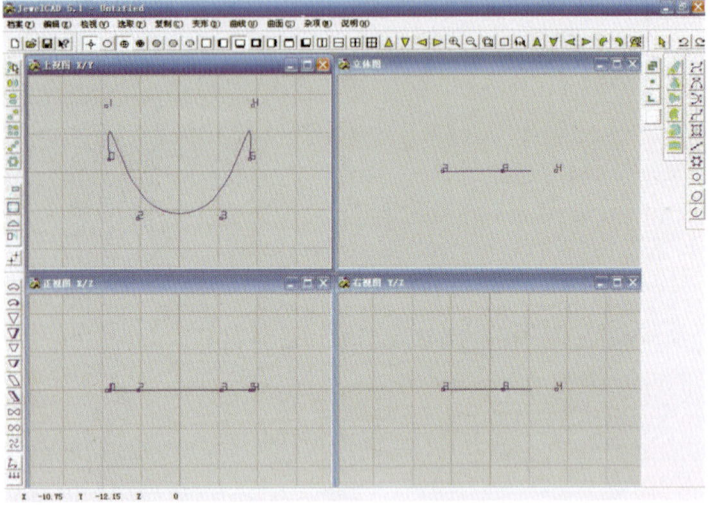

图 4-2 左右对称线的绘制

4.3 上下对称线

单击界面右侧的"上下对称线"按钮，绘制以操作视图的水平轴为对称轴的曲线，即上下对称线。上下对称线的绘制与任意曲线的绘制惟一不同的是，上下对称线会以操作视图的水平轴为对称轴上下同时出现对称的 CV 点，如图 4-3 所示。

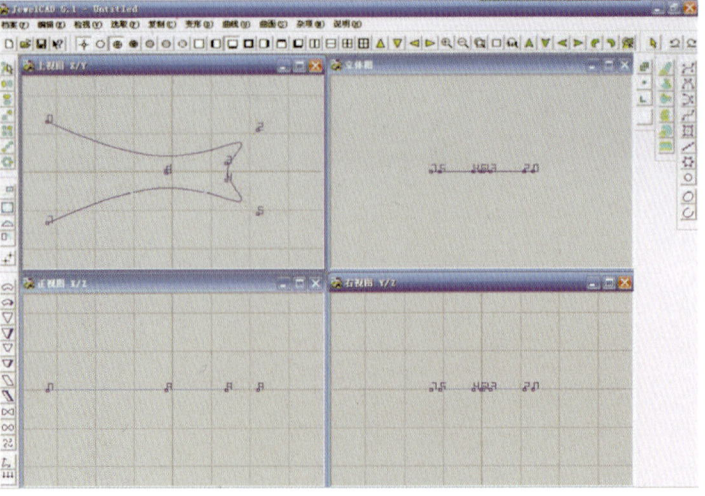

图 4-3 上下对称线的绘制

4.4 旋转 180°曲线

应用"旋转 180°曲线"命令可以产生一条关于原点对称的曲线。

单击界面右侧的"旋转 180°曲线"按钮 ，绘制以操作视图的坐标原点为对称中心的曲线，即旋转 180°曲线。旋转 180°曲线的绘制与任意曲线的绘制惟一不同的是，会以操作视图的坐标原点为对称轴中心旋转 180°，同时出现对称的 CV 点，如图 4-4 所示。

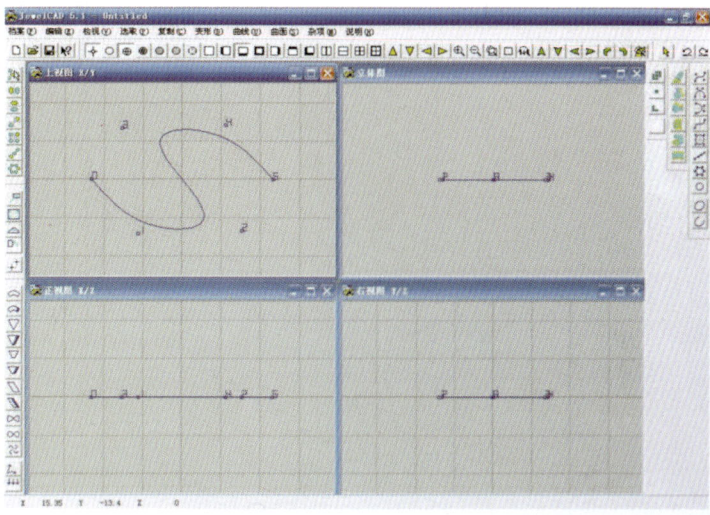

图 4-4 旋转 180°曲线的绘制

4.5 上下左右对称线

应用"上下左右对称线"命令可以产生上下左右对称的曲线。

单击界面右侧的"上下左右对称线"按钮 ，绘制以操作视图的水平轴和竖直轴为对称轴的曲线，上下左右对称曲线。上下左右对称曲线的绘制与任意曲线的绘制惟一不同的是，会以操作视图的竖直轴和水平轴为对称轴，上下左右同时出现对称的 CV 点，如图 4-5 所示。

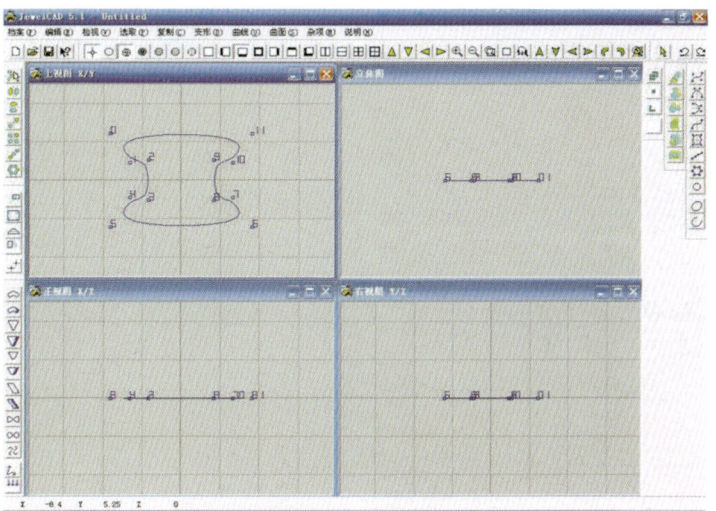

图 4-5 上下左右对称曲线的绘制

4.6 直线重复线

应用"直线重复线"命令可复制直线。

单击界面右侧的"直线重复线"按钮，弹出"直线延伸"对话框，如图 4-6 所示，此命令用来绘制一条直线的重复线。"延伸数目"用来设定直线延伸后，在视窗中出现的直线的 CV 点总数，数值不能小于 2；"水平"用来设置延伸直线的 CV 点在水平轴方向上的间距；"竖直"用来设置延伸直线的 CV 点在竖直轴方向上的间距；"进/出"用来设置延伸直线的 CV 点在进/出轴方向上的间距。

图 4-6 "直线延伸"对话框

4.7 环形重复线

"环形"对话框中的"全方位"与"顺时针"复选框非常重要，"全方位"复选框在默认情况下为勾选状态，而"顺时针"复选框在默认状态为未被勾选状态。

单击界面右侧的"环形重复线"按钮，弹出"环形"对话框，如图 4-7 所示，此命令的作用是绘制一条环形的重复线。绘制类似圆形的曲线，该圆以坐标原点为圆心，以鼠标单击的位置到坐标原点的距离为半径的。

图 4-7 "环形"对话框

对话框中各项参数的含义如下。

数目：用来设定环形重复线的 CV 节点的总数，其值不能小于 2。

角度：用于设定两个相邻的 CV 点与坐标原点组成的夹角的大小。

全方位：此选项在默认情况下为勾选状态，用来设置 CV 节点平均分布在创建的圆上，而且绘制的曲线是闭合曲线，如果未勾选，则不能保证绘制的曲线是闭合的曲线。

顺时针：用来设定物体按当前操作视图的顺时针方向进行复制。

4.8 多重变形

选择"曲线 > 多重变形"菜单命令,如图 4-8 所示,弹出"多重变形"对话框,如图 4-9 所示。此命令用于创建曲线,该曲线上的 CV 节点将会采用"多重变形"对话框设置的属性。

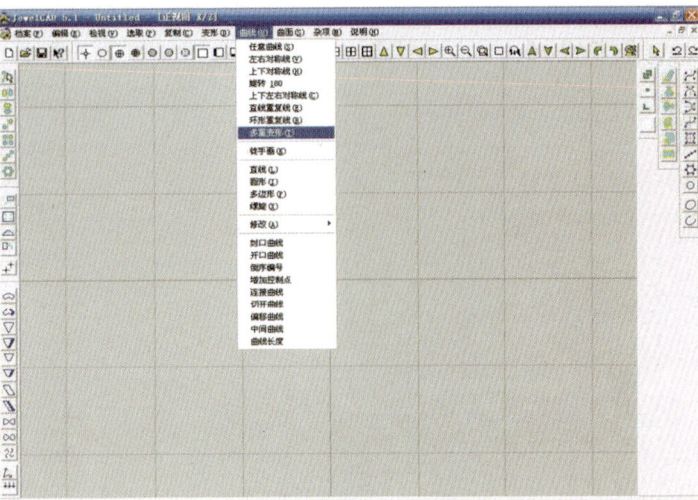

图 4-8 "曲线 > 多重变形"菜单命令

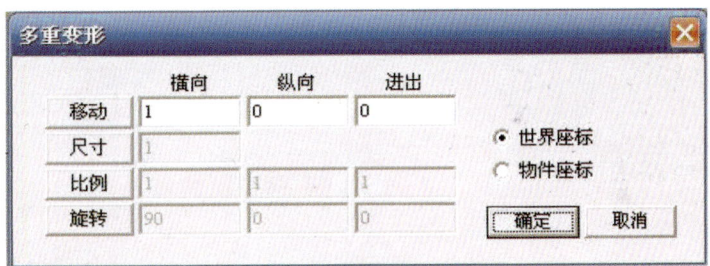

图 4-9 "多重变形"对话框

对话框中各项参数的含义如下。

移动:此选项用来设置曲线上两个相邻的 CV 节点在空间上的距离,包含 3 个轴向上的设置选项,即横向、纵向、进/出,可以通过设置 3 个轴向的值来实现对 CV 节点间距的设置。

尺寸:此选项用来设置缩放的比例,只可以设置一个数值,当设置的数值小于 1 时,曲线会被缩小,当设置的数值大于 1 时,曲线会被放大。

比例:此选项用于设置创建的曲线沿不同轴向缩放的比例,包含 3 个轴向上的设置:横向、纵向、进/出,可以通过设置 3 个轴向的值来实现对创建的曲线在不同轴向上进行缩放复制。

旋转:此选项用于设置物体沿不同轴向旋转复制的度数。

4.9 徒手画

"徒手画"命令

"徒手画"命令可以徒手画图。其缺点是画出的曲线不圆滑。

徒手画的优势

在用徒手画工具时，可随意根据需要来绘制图形。

选择"曲线>徒手画"菜单命令，如图4-10所示，即出现徒手画的示意图形，此命令用来绘制一条类似于手绘效果的自由曲线。在视窗中选择一个起始点，按住鼠标左键不放，然后移动鼠标，视图上会出现一条表示光标移动轨迹的曲线，如图4-11所示，这条曲线就是自由绘制的曲线，绘制完毕后释放鼠标左键，系统会根据曲线的轨迹创建一些CV节点。

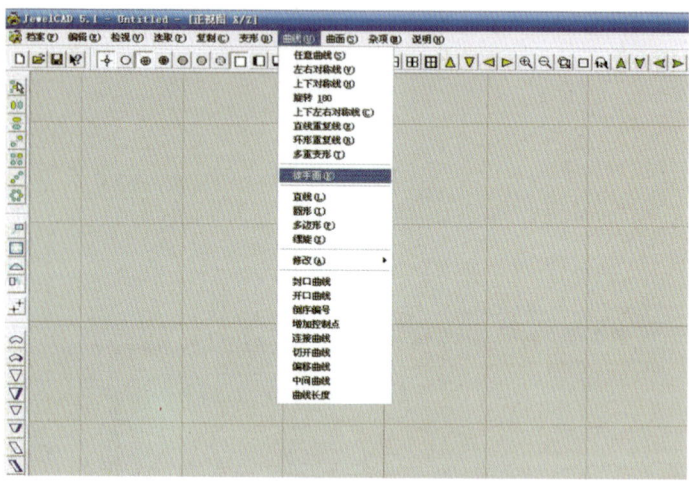

图4-10 "曲线>徒手画"菜单命令

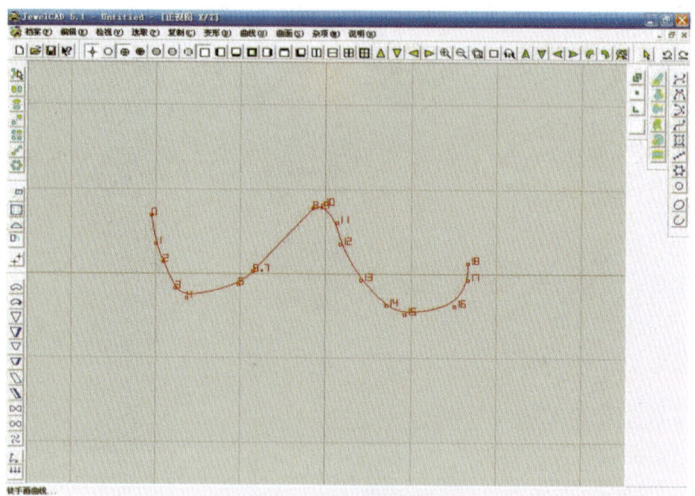

图4-11 自由绘制曲线

4.10 直线

"直线"命令的作用

"直线"命令可产生一条直线。选择此命令,会弹出"直线曲线"对话框,设定直线的角度。你可以直接输入角度值,也可以在列表框中选择。

选择"曲线 > 直线"菜单命令,如图 4-12 所示,弹出"直线曲线"对话框,如图 4-13 所示,此命令用于绘制一条直线,在对话框中只可设置创建的直线与当前操作视窗的水平轴夹角的大小,可以在列表框中选取,也可自行输入数值,设置完成后单击"确定"按钮即可创建出一条直线。

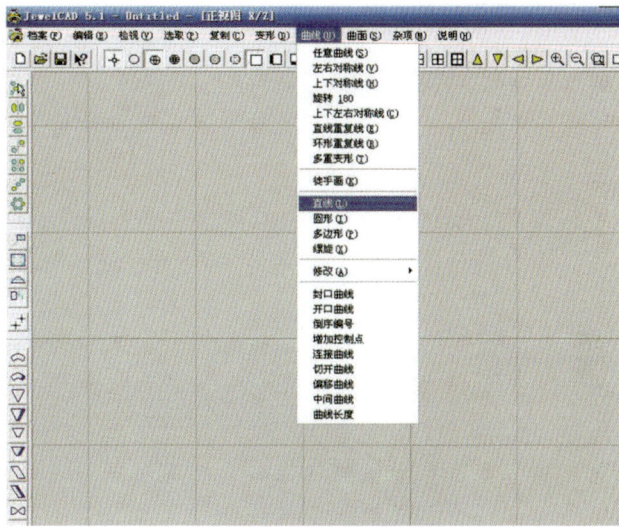

图 4-12 "曲线 > 直线"菜单命令

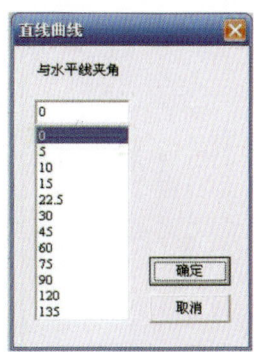

图 4-13 "直线曲线"对话框

4.11 圆形

"圆形"命令的作用

在需要绘制圆形曲线时,选择"圆形"菜单命令即可以绘制圆形,单击后,会弹出"圆形曲线"对话框,可利用对话框中的参数来调节圆的大小。

选择"曲线 > 圆形"菜单命令,如图 4-14 所示,即弹出"圆形曲线"对话框,如图 4-15 所示,此命令用于绘制一个指定大小的圆。对话框中各项参数的含义如下。

直径/半径:设定创建的圆是按直径大小还是半径大小来创建,通过输入数值可确定圆的大小。

控制点数:表示圆上的 CV 节点数,可以直接输入数值,也可以从下面的数值列表框中选择,CV 节点数越多,圆就越圆滑,但也不宜过多。

控制点'0'：表示第一个 CV 节点的位置。

设置参数后，单击"确定"按钮，即出现相应的圆，如图 4-16 所示。

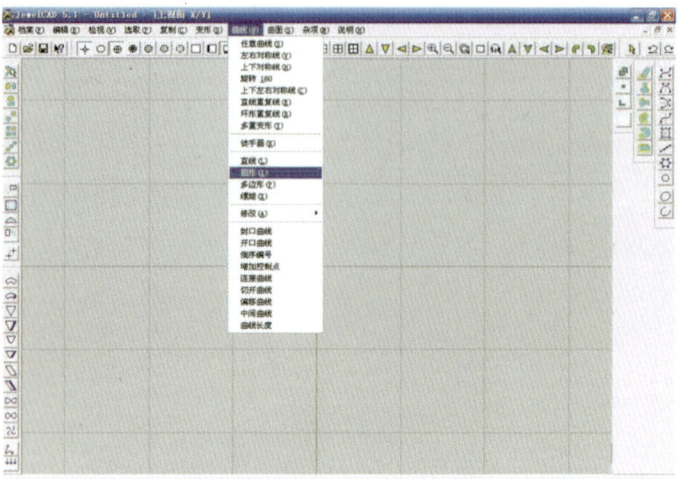

图 4-14 "曲线 > 圆形" 菜单命令

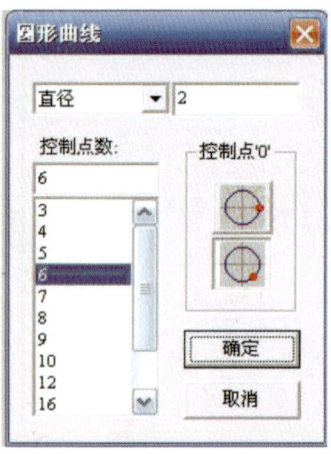

图 4-15 "圆形曲线" 对话框

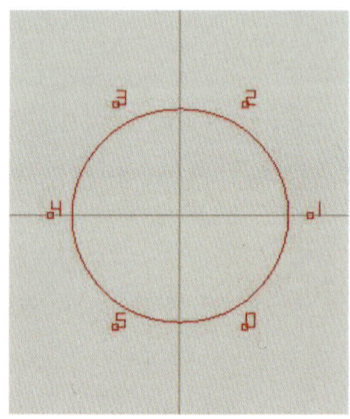

图 4-16 绘制圆

4.12 多边形

"多边形"命令

此命令可产生一个多边形。选择命令后会弹出"多边形曲线"对话框，在对话框中"边的数目"数值框中，可直接输入多边形的边数。

选择"曲线 > 多边形"菜单命令，如图 4-17 所示，即弹出"多边形曲线"对话框，如图 4-18 所示，此命令用来绘制多边形。对话框中各项参数的含义如下。

边的数目：用于设置多边形的边数，可以直接输入数值，也可以在列表框中选择。

控制点'0'：用于设置第一个 CV 节点的位置。

设置参数后，单击"确定"按钮，即可创建一个多边形，如图 4-19 所示。

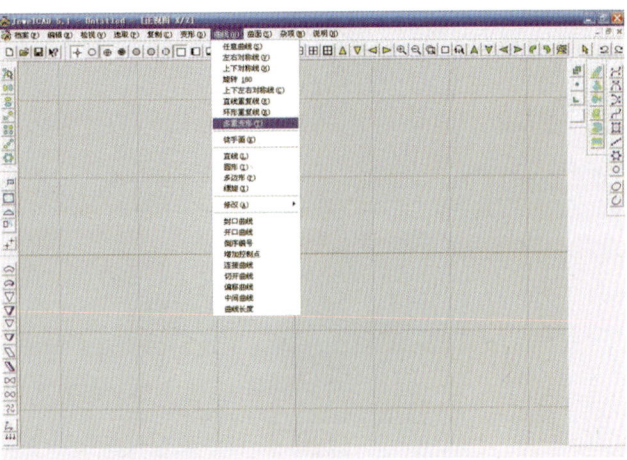

图 4-17 "曲线 > 多边形"菜单命令

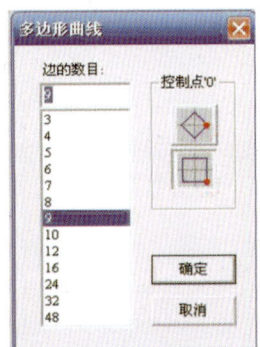

图 4-18 "多边形曲线"对话框

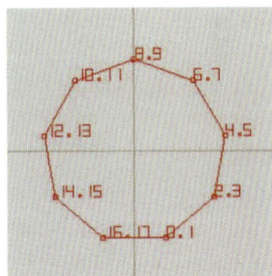

图 4-19 绘制多边形

4.13 螺旋

"螺旋"命令的作用

此命令可产生一条螺旋状曲线。选择该命令后,会弹出"螺旋曲线"对话框,可以直接在参数数值框中输入相应的数值。

选择"曲线 > 螺旋"菜单命令,如图 4-20 所示,即弹出"螺旋曲线"对话框,如图 4-21 所示,此命令可创建一条螺旋线。

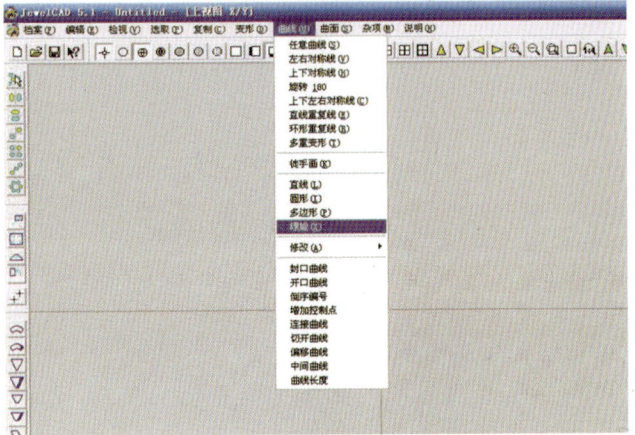

图 4-20 "曲线 > 螺旋"菜单命令

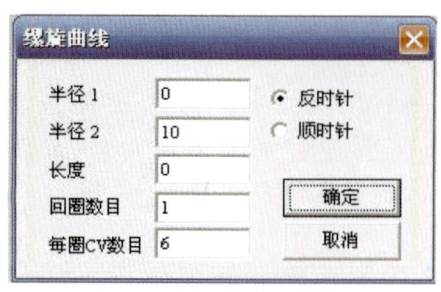

图 4-21 "螺旋曲线"对话框

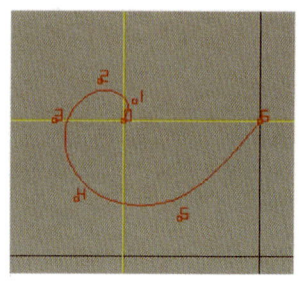

图 4-22 绘制螺旋线

对话框中各项参数的含义如下。

半径1：用于设置螺旋线起始的半径。

半径2：用于设置螺旋线结束的半径。

长度：用于设置螺旋线的总长度。

回圈数目：用于设置螺旋圈的数目。

每圈CV数目：用于设置每个回圈上的CV节点数。设置好参数后，单击"确定"按钮即可创建出一条螺旋线，如图4-22所示。

4.14 修改

"修改"命令的作用

在我们绘制曲线时，如果曲线的CV节点绘制出现错误时，可以选择"修改"命令对其进行修改。

选择"曲线 > 修改"菜单命令，如图4-23所示，其中包含"任意曲线"、"左右对称线"、"上下对称线"、"旋转180°"、"上下左右对称线"、"直线重复线"、"环形重复线"以及"多重变形"的修改命令。

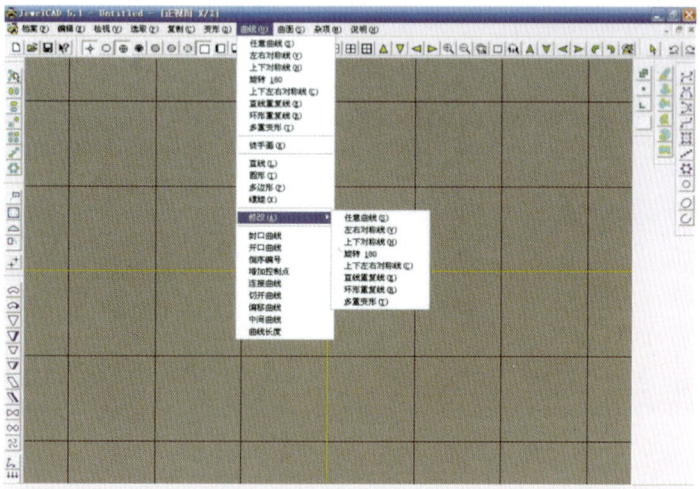

图 4-23 "曲线 > 修改"菜单命令

4.15 封口曲线

"封口曲线"命令

在绘制任意曲线时,可选择"封口曲线"命令将曲线封口。

选择"曲线>封口曲线"菜单命令,如图4-24所示,此命令用来将一条开口的曲线封闭。图4-25是一条未闭合的圆形曲线,选择该曲线后单击"封口曲线"命令,未闭合的圆形曲线将立刻闭合在一起,如图4-26所示。

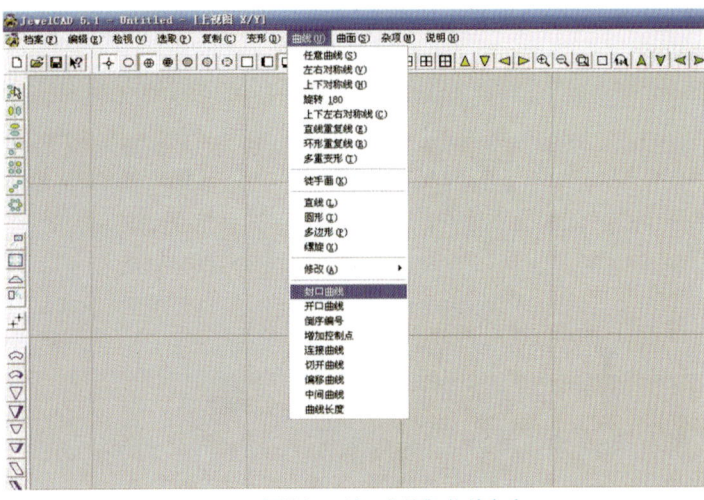

图4-24 "曲线>封口曲线"菜单命令

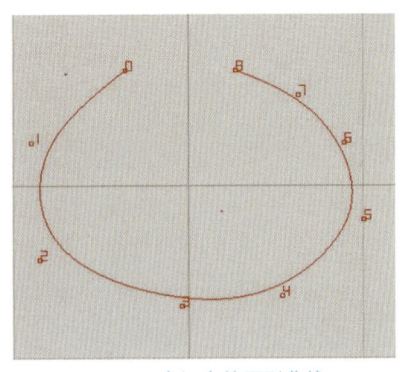

图4-25 未闭合的圆形曲线

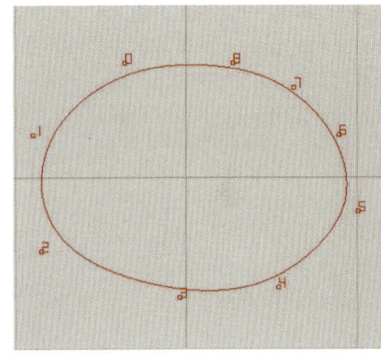

图4-26 闭合的圆形曲线

4.16 开口曲线

"开口曲线"命令

在绘制任意曲线时,可选择"封口曲线"命令将曲线开口。

选择"曲线>开口曲线"菜单命令,如图4-27所示,此命令用来将一条完全闭合的曲线开口。图4-28是一条闭合的圆形曲线,选择该曲线后单击"开口曲线"命令,闭合的圆形曲线将变为开口的曲线,如图4-29所示。

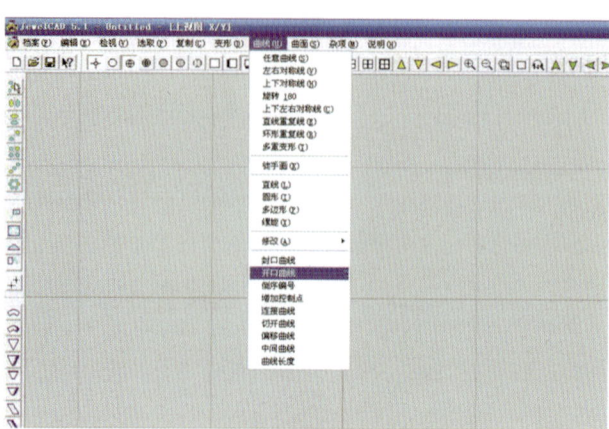

图 4-27 "曲线 > 开口曲线" 菜单命令

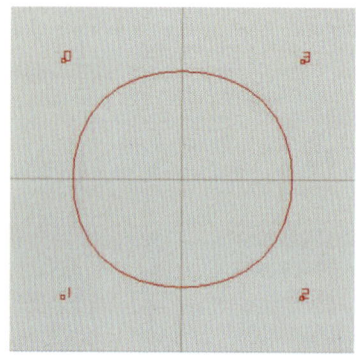

图 4-28 闭合的圆形曲线

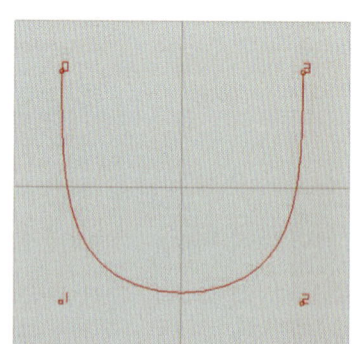

图 4-29 开口的圆形曲线

4.17 倒序编号

"倒序编号"命令

此命令可使曲线上CV点的编号倒序。

选择"曲线 > 倒序编号"菜单命令，如图 4-30 所示，此命令用来改变曲线上 CV 节点的排列顺序，此命令主要配合"映射"命令使用，可以通过改变曲线上 CV 节点的排列方向来改变映射后物体的方向。绘制一条任意曲线，如图 4-31 所示，单击"倒序编号"命令后，任意曲线上的 CV 节点的排列方向进行了倒转，如图 4-32 所示。

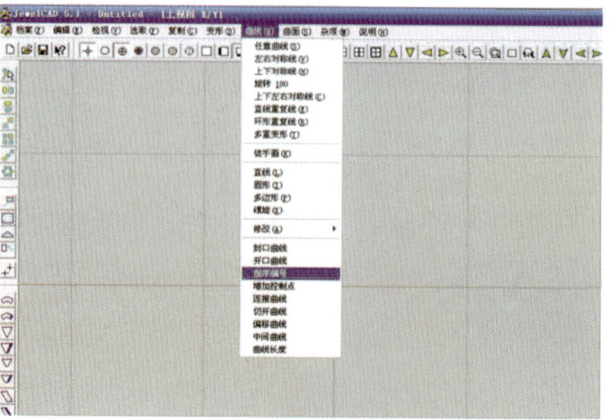

图 4-30 "曲线 > 倒序编号" 菜单命令

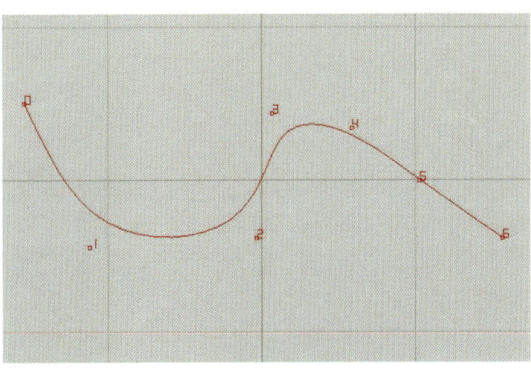

图 4-31 绘制任意曲线

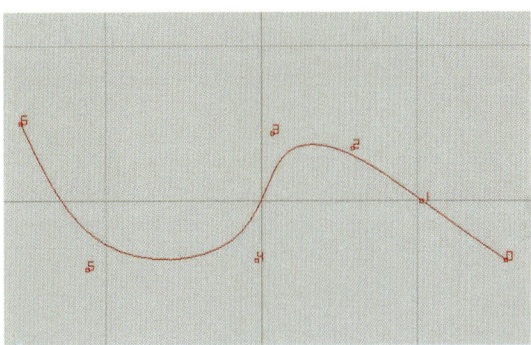

图 4-32 倒序编号曲线

4.18 增加控制点

"增加控制点"命令

此命令可在不改变曲线形状的情况下,增加CV点的数目。选择此命令可打开一个对话框,对话框中只有"增加倍数"选项,用于设定增加CV点数目的倍数。

选择"曲线>增加控制点"菜单命令,如图4-33所示,此命令用来增加曲线上的 CV 节点的数目,此时弹出"增加曲线控制点"对话框,如图4-34所示。例如创建一个直径为15mm,CV 节点数为 8 的圆,如图4-35所示,然后选择该圆,单击"增加控制点"命令,按图4-34所示设置参数,单击"确定"按钮,即可看到曲线上的 CV 节点数增加 2 倍,如图4-36所示。

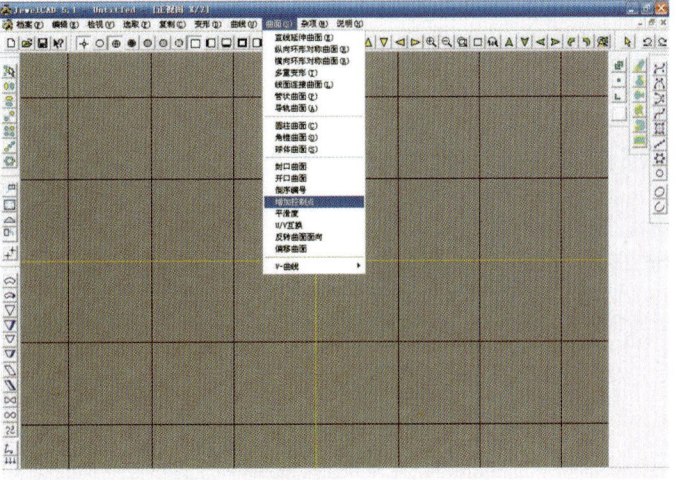

图 4-33 "曲线 > 增加控制点"菜单命令

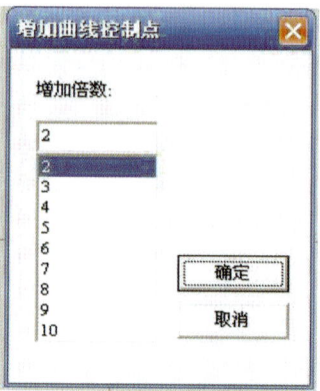

图 4-34 "增加曲线控制点"对话框

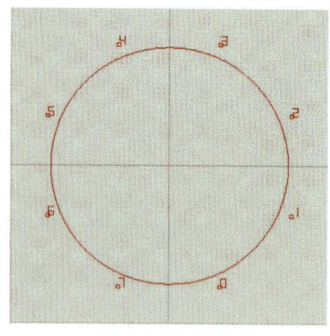

图 4-35 创建圆

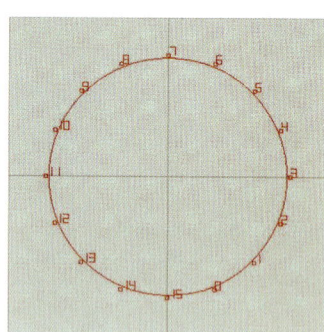

图 4-36 增加控制点

4.19 连接曲线

"连接曲线"命令

此命令可将视图中的一些曲线连接在一起，是将第一条曲线的最后一个CV点和第二条曲线的第一个CV点连接起来（可能会改变曲线的方向）。选定这一命令后，在视图中选择一条曲线，然后选择第二条曲线，即可将它们连接在一起，还可以继续连接其他曲线。如果取消某一连接的曲线，可以在这条曲线上右击。

　　选择"曲线 > 连接曲线"菜单命令，如图 4-37 所示，此命令用来将多条曲线首尾连接在一起变成一条。例如，绘制两条分开的任意曲线，如图 4-38 所示，然后单击"连接曲线"命令，先单击上面一条曲线，再单击下面一条曲线，最后我们将看到视图中两条曲线连接在一起，如图 4-39 所示。

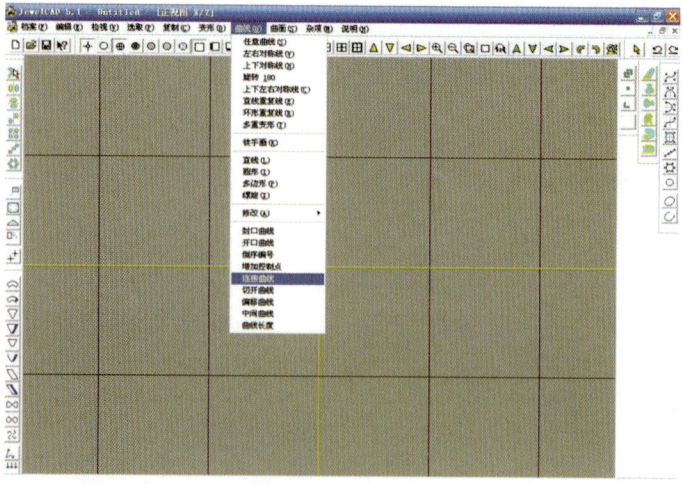

图 4-37 "曲线 > 连接曲线"菜单命令

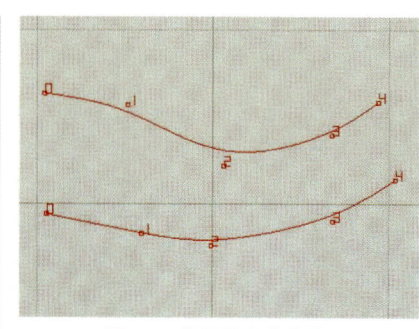

图 4-38 分开的任意曲线　　图 4-39 连接的任意曲线

4.20 切开曲线

"切开曲线"命令

此命令会将曲线一分为二。执行此命令后，单击要分割的曲线的CV点，就可以从该点将曲线一分为二了。

选择"曲线 > 切开曲线"菜单命令，如图 4-40 所示，此命令用来将一条曲线拆分为多段。例如创建直径为 15mm，CV 节点数为 8 的圆，如图 4-41 所示，选择"切开曲线"命令后，分别在 CV5 和 CV6 上单击后，即可看到曲线被拆分为两段，如图 4-42 所示。

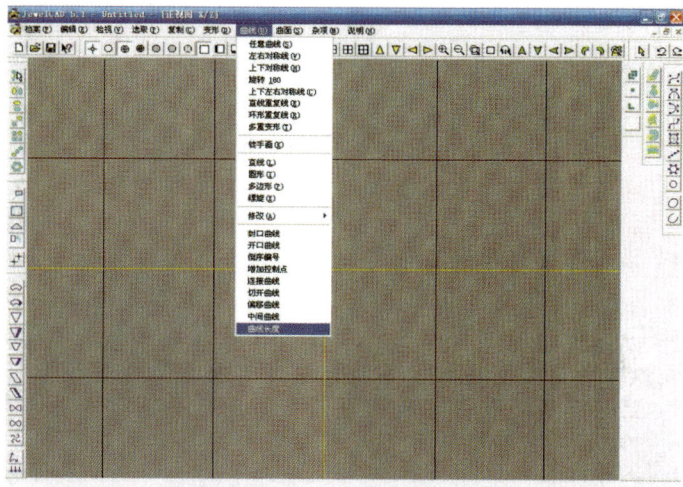

图 4-40 "曲线 > 切开曲线"菜单命令

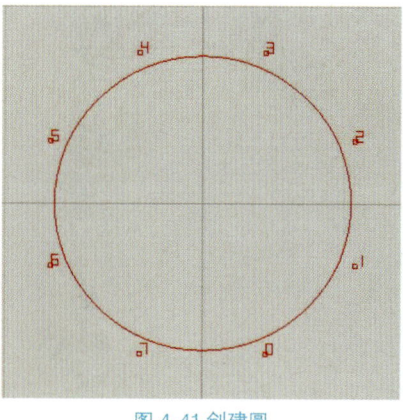
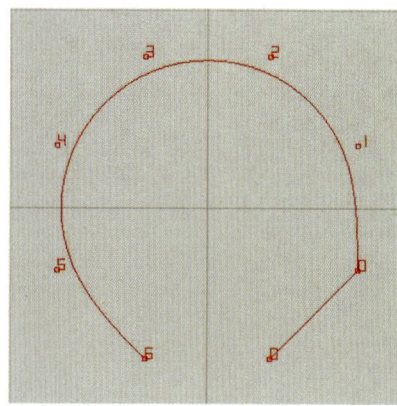

图 4-41 创建圆　　图 4-42 切开曲线

4.21 偏移曲线

选择"曲线 > 偏移曲线"菜单命令,如图 4-43 所示,弹出"偏移"对话框,如图 4-44 所示。在该对话框中进行设置,可以将一条曲线向偏离原位置一段距离处进行复制。例如创建直径为 15mm,CV 节点数为 8 的圆,如图 4-45 所示,再执行"偏移曲线"命令,按图 4-44"偏移"对话框设置参数,单击"确定"按钮,如图 4-46 所示。

> **"偏移曲线"命令**
>
> 选择该命令,会打开一个对话框,对话框中含有以下选项:"偏移半径"可以设定偏移量。"两方偏移"可产生两条偏移的曲线(一左一右)。"向外偏移"可只产生一条在左的曲线。"向内偏移"可只产生一条在右的曲线。

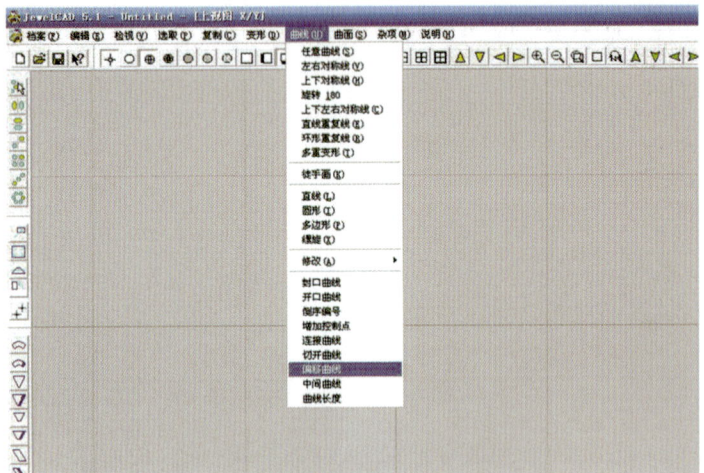

图 4-43 "曲线 > 偏移曲线"菜单命令

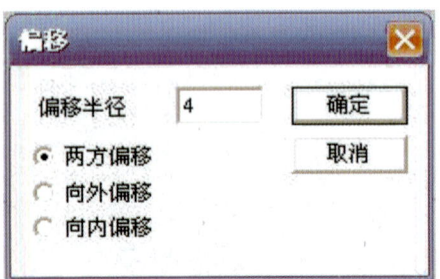

图 4-44 "偏移"对话框

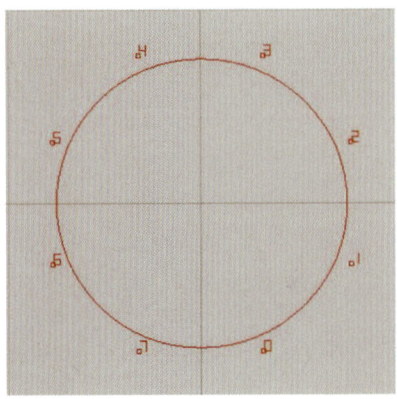

图 4-45 创建圆

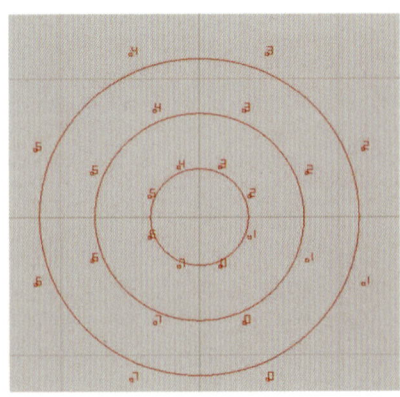

图 4-46 偏移曲线

4.22 中间曲线

"中间曲线"命令

此命令可在两条相同CV点数的曲线间产生一条新的曲线。选择此命令后,需在视图中找到两条具有相同CV点数目的曲线,选择它们,即会在它们中间产生一条有相同CV点数的曲线。

选择"曲线 > 中间曲线"菜单命令,如图4-47所示。此命令用来在两条具有相同CV节点的曲线中间创建一条曲线。例如在视图中绘制两条任意曲线,如图4-48所示,保证曲线上的CV节点数和排列方向一致,单击"中间曲线"命令,依次在两条曲线上单击,即可在两条曲线中间生成一条曲线,如图4-49所示。

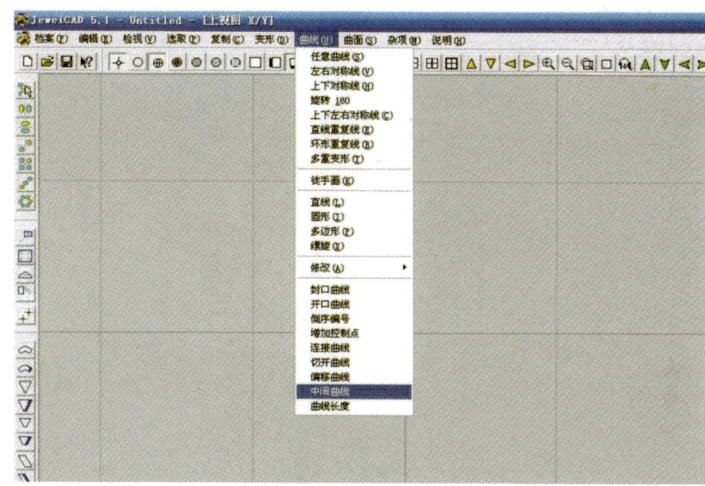

图4-47 "曲线 > 中间曲线"菜单命令

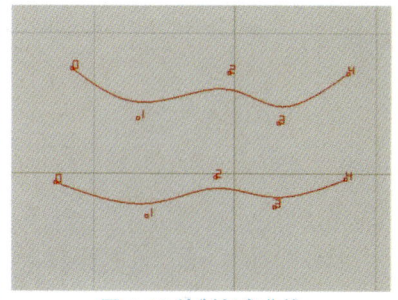

图4-48 绘制任意曲线

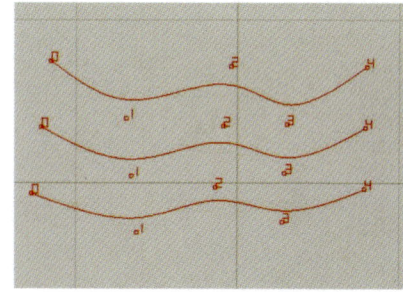

图4-49 在曲线中间生成新曲线

4.23 曲线长度

"曲线长度"命令

此命令可预估曲线的长度。选择此命令后,在视图中单击任一曲线,可在状态栏中查看它的长度。

选择"曲线 > 曲线长度"菜单命令,如图4-50所示。此命令用来测量曲线的长度。例如在视图中绘制一条任意曲线,如图4-51所示,选择"曲线长度"命令,在绘制的曲线上单击,在状态栏中即出现该曲线的长度信息,如图4-52所示。

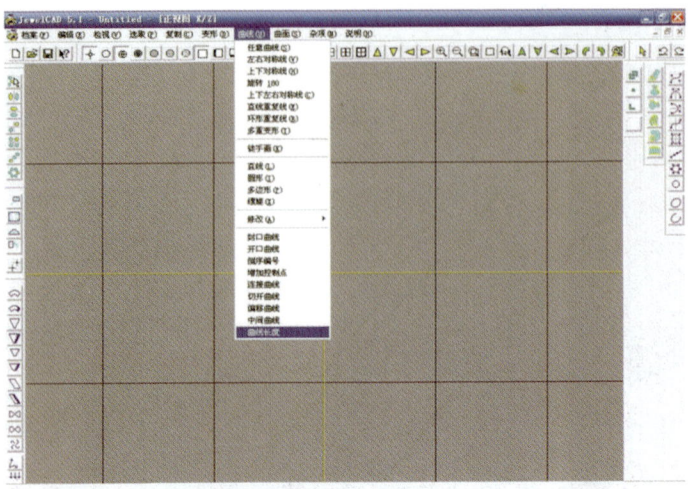

图 4-50 "曲线 > 曲线长度"菜单命令

在下图中，任意绘制一条 CV 节点为 7 的波浪形曲线，如图 4-51 所示。

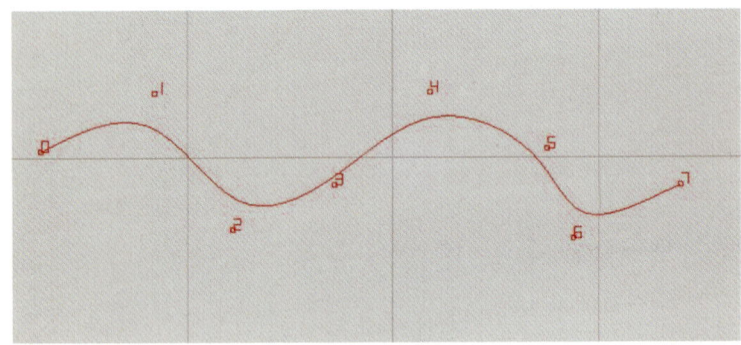

图 4-51 绘制任意曲线

绘制完毕后，可以应用"曲线长度"命令，在绘制的曲线上单击，在状态栏上即可出现该曲线的长度值，如图 4-52 所示，状态栏上出现了我们刚才绘制的曲线的长度，曲线长度值为 36.267。

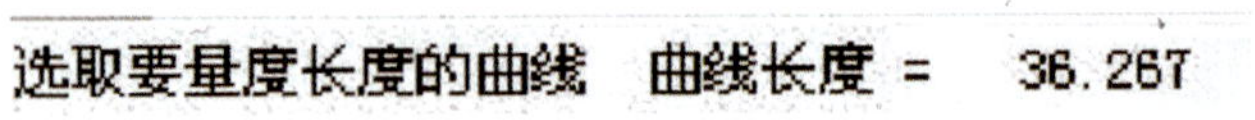

图 4-52 任意曲线的长度

CHAPTER 05 曲面(Surface)的生成

- ◆ 本章学习时间

  共120分钟，其中建议80分钟学习各种曲面的生成操作命令以及曲面的绘制方法，剩余40分钟学习曲面的调整方法。

- ◆ 本章学习要点

  ① 各种曲面的生成操作命令
  ② 熟练掌握曲面的功能属性和使用方法
  ③ 熟练掌握曲面的调整方法

5.1 直线延伸曲面

关于曲面绘制命令

曲面的绘制是建立在曲线绘制的基础之上，是曲线绘制命令的衍生。曲面绘制主要是通过多种变形命令使曲线变为曲面的过程。

选择"曲面>直线延伸曲面"菜单命令，如图5-1所示，此命令用来使曲线沿着一条线状路径延伸，沿直线延伸的截面线将产生曲面。单击"直线延伸曲面"命令后会弹出"直线延伸"对话框，如图5-2所示。

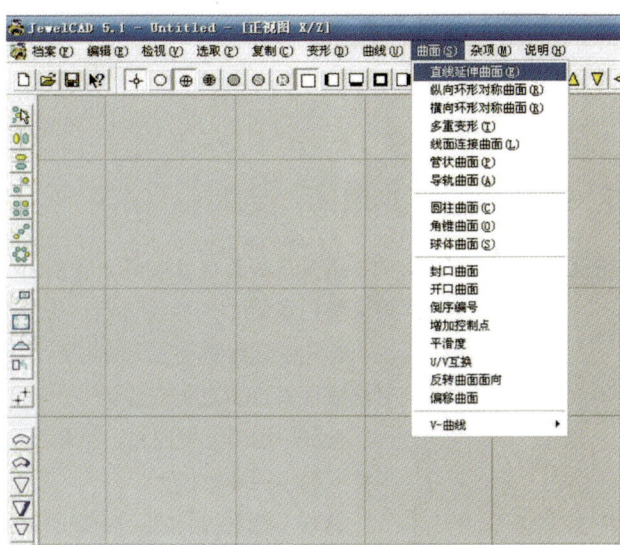

图5-1 "曲面>直线延伸曲面"菜单命令

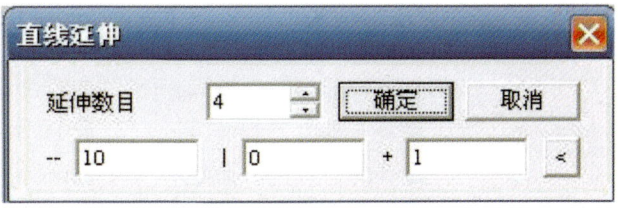

图5-2 "直线延伸"对话框

对话框中各项参数的含义如下。

延伸数目：用于设置延伸的曲面包含延伸截面线的数量，其值不能小于2。

水平：用来设置直线延伸的轮廓截面线在水平轴方向上的间距。

竖直：用来设置直线延伸的轮廓截面线在竖直轴方向上的间距。

进/出：用来设置直线延伸在进/出轴方向上的间距。

例如，我们在视图中创建一条任意的曲线，执行"直线延伸曲面"的命令，其参数设置如图5-2所示，会得出不一样的效果，可以是开口的，如图5-3所示，也可以是封口的，如图5-4所示。

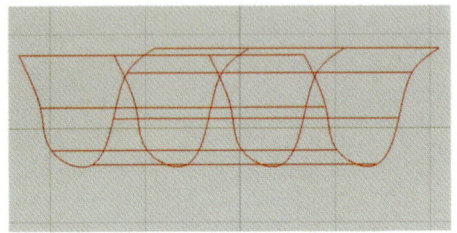

图5-3 "直线延伸"开口效果

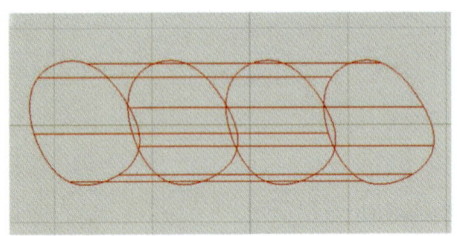

图5-4 "直线延伸"封口效果

5.2 纵向环形对称曲面

纵向环形对称曲面

该命令会将一曲面沿纵轴旋转复制。

选择"曲面 > 纵向环形对称曲面"菜单命令，如图5-5所示，此命令用来将一条选中的曲线以当前操作视图的纵轴为旋转轴旋转产生曲面。单击"纵向环形对称曲面"命令后，即弹出"环形"对话框，如图5-6所示，对话框中各项参数的含义如下。

数目：用于设置曲面上包含曲线的数目，可以直接输入数值，也可以从下拉列表中选择数值。

角度：用来设定两个相邻的轮廓截面与该操作视图的竖直轴或者水平轴组成的夹角的大小。

全方位：勾选此选项后，曲线的数目和曲线之间的角度的乘积必须为360°，例如"数目"设为9，则"角度"必须是40°。

顺时针：用来设定按当前操作视图的顺时针方向旋转产生曲面。

设置完成后，单击"确定"按钮，即可在视窗中看到生成的曲面了。例如，我们在视图中创建一个任意的曲线，如图5-7所示，并选择该曲线，执行"纵向环形对称曲面"命令，单击"确定"按钮，如图5-8所示。

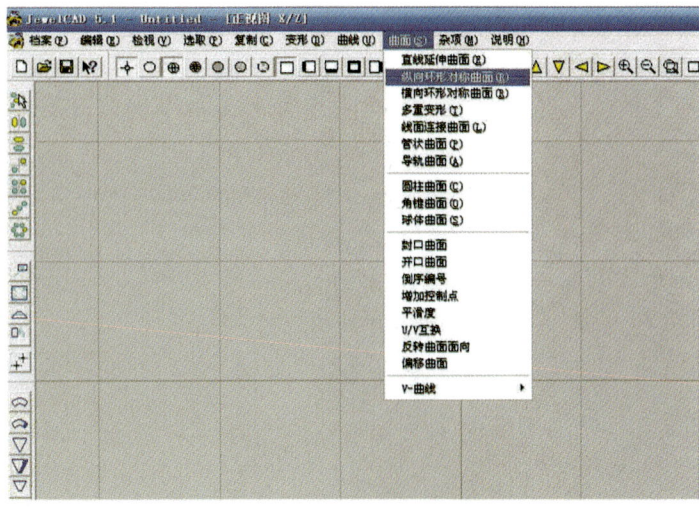

图 5-5 "曲面 > 纵向环形对称曲面"菜单命令

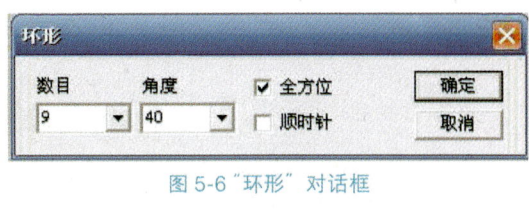

图 5-6 "环形"对话框

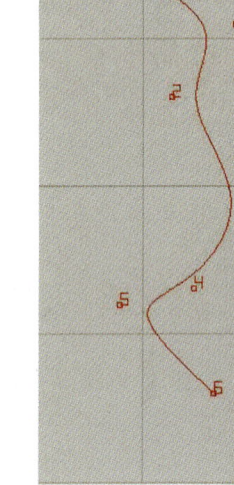

图 5-8 "纵向环形对称曲面"曲面效果　　　　图 5-7 创建任意曲线

5.3 横向环形对称曲面

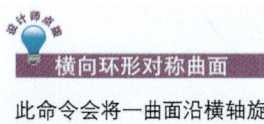

横向环形对称曲面

此命令会将一曲面沿横轴旋转复制。

选择"曲面 > 横向环形对称曲面"菜单命令,如图 5-9 所示,此命令用来让一条曲线围绕横轴旋转生成一个曲面,操作方式与"纵向环形对称曲面"命令相同,不同的是曲线围绕横轴旋转生成曲面。例如,我们在视图中创建一个任意的曲线,如图 5-10 所示,并选择该曲线,执行"横向环形对称曲面"命令,单击"确定"按钮,如图 5-11 所示。

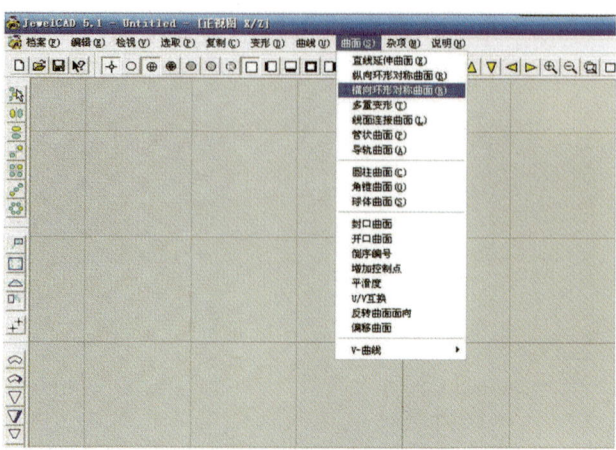

图 5-9 "曲面 > 横向环形对称曲面"菜单命令

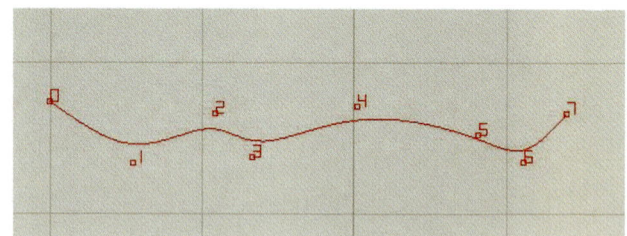

图 5-10 绘制任意曲线

图 5-11 "横向环形对称曲面"曲面效果

5.4 多重变形

"多重变形"命令的作用

此命令是用来通过对一条曲线进行多重变换从而产生一起曲面。选择后会弹出对话框可设置。

选择"曲面 > 多重变形"菜单命令，如图 5-12 所示，此命令用来通过对一条曲线进行多重变换从而产生曲面。单击"多重变形"命令后，即弹出"多重变形"对话框，如图 5-13 所示，对话框中各项参数的含义如下。

复制数目：用于设定创建多重变形曲线的轮廓截面总数，其中数值不能小于2。

移动：用于设置曲线上两个相邻的轮廓截面在空间上的距离，包括3个轴向上的设置选项（横向、纵向、进/出）。

尺寸：用于设置缩放的比例，只能设置一个数值，当设置的数值小于1时，曲面轮廓截面会被缩小，当设置的数值大于1时，曲面的轮廓截面会被放大。

比例：用于设置创建的曲面轮廓截面沿不同轴向缩放的比例。

旋转：用于设置创建的曲面轮廓截面沿不同轴向旋转的度数。

例如，我们在视图中创建一个任意圆形曲线，如图5-14所示，单击"多重变形"命令，将对话框中的"尺寸"设为3，单击"确定"按钮，如图5-15所示。

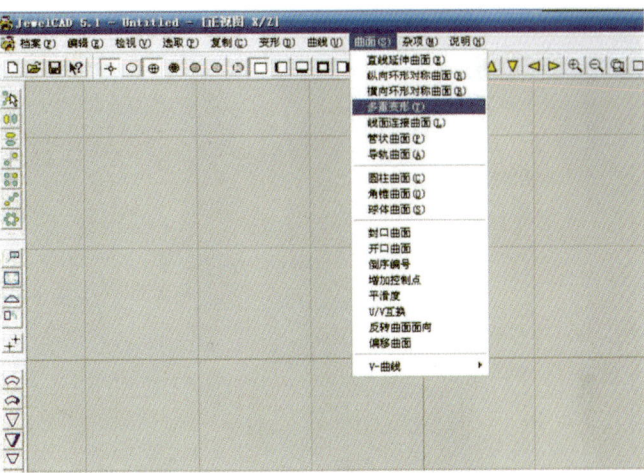

图5-12 "曲面＞多重变形"菜单命令

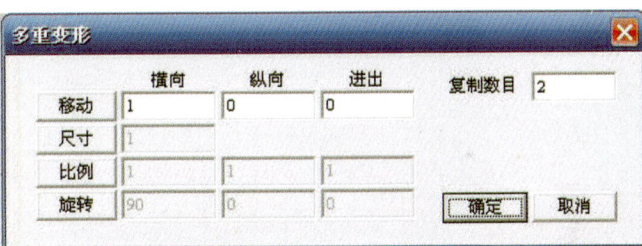

图5-13 "多重变形"对话框

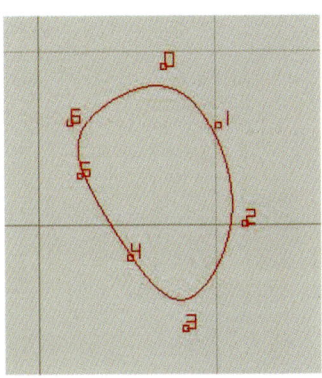 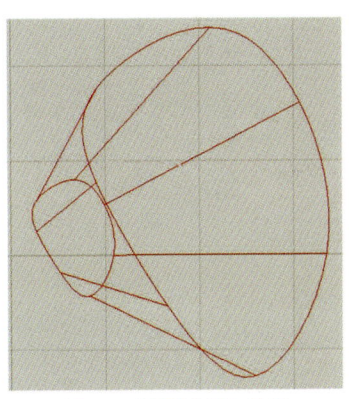

图5-14 绘制任意圆形曲线　　　　图5-15 "多重变形"效果

5.5 线面连接曲面

线面连接曲面

连接曲面中可以有多重曲线，就像一条曲线中有多重CV。多重CV可以使曲线具有尖角，而多重曲线可以给曲面尖棱。你只要多次单击同一个曲线就可以将它转为多重曲线。由于你选的曲线不一定总是按一定CV顺序排列，因此可能会形成扭曲的曲面。

选择"曲面＞线面连接曲面"菜单命令，如图5-16所示，此命令用来将多条选中的轮廓截面线连接起来产生曲面，还可以将多个不同的曲面连接起来，形成一个新的曲面，曲线中CV节点的数量必须是一样的，而且必须都是开放的曲线或者封闭的曲线。单击"线面连接曲面"命令后，即弹出"线面连接曲面"对话框，如图5-17所示。

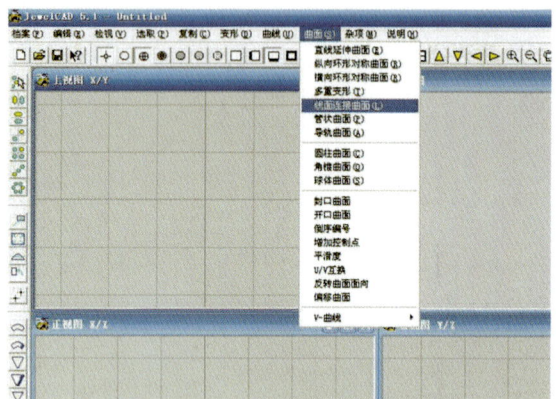

图5-16 "曲面＞线面连接曲面" 菜单命令

图5-17 "线面连接曲面" 对话框

对话框中各项参数的含义如下。

切面倒序：可将选中的曲线或曲面的CV点的编号顺序颠倒。

曲面倒序：可将选中的曲面CV节点的编号顺序颠倒。

U/V互换：可将选中的U/V方向的顺序颠倒。

例如：我们在视窗中绘制任意三条CV节点相同的曲线，如图5-18所示，执行"线面连接曲面"命令，依次单击视窗中的三条曲线，最后选择"曲面＞封口曲线"命令，如图5-19所示。

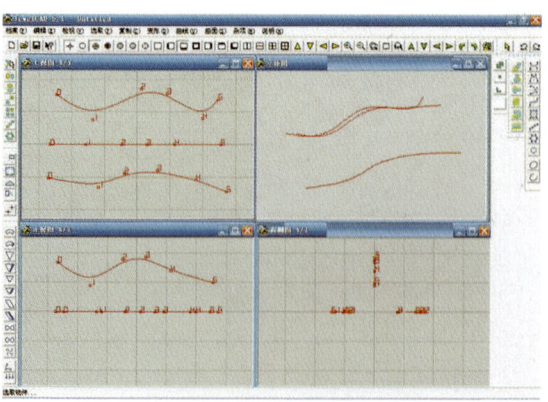

图5-18 绘制三条曲线

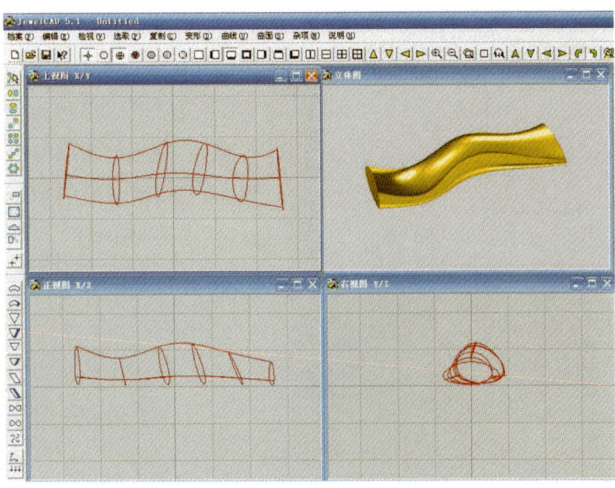

图 5-19 "线面连接曲面"效果

5.6 管状曲面

"管状曲面"命令

此命令将选定的一系列曲线转变成管状曲面。单击后弹出对话框,其中含有以下按钮:单切面、双切面、圆形切面。

选择"曲面 > 管状曲面"菜单命令,如图 5-20 所示,此命令用来将作为切面的曲线沿一条曲线扫描移动,生成一个管状曲面。单击"管状曲面"命令后,即弹出"管状曲面"对话框,如图 5-21 所示。

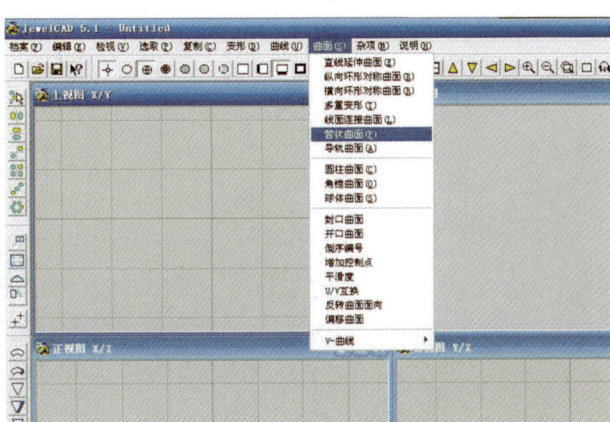

图 5-20 "曲面 > 管状曲面"菜单命令

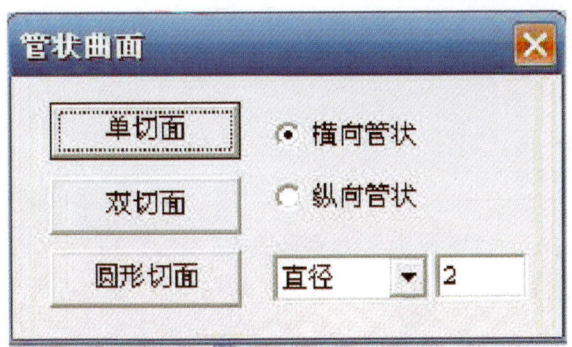

图 5-21 "管状曲面"对话框

绘制图形的方法

绘制物件以左右形式进行绘制，把切面线绘制在右侧，得到图形。

对话框中各项参数的含义如下。

单切面：生成的曲面只有一种形状的切面，截面的曲线和坐标原点的位置将会影响到管状延伸出来的新曲面的形状。例如：先在视窗中线绘制一条任意曲线作为路线曲线，再绘制一个任意图形作为切面，如图 5-22 所示，再选中曲线，执行"管状曲线"命令，把直径大小设置为 2，选择"纵向管状"单选按钮，最后单击"单切面"按钮，如图 5-23 所示。

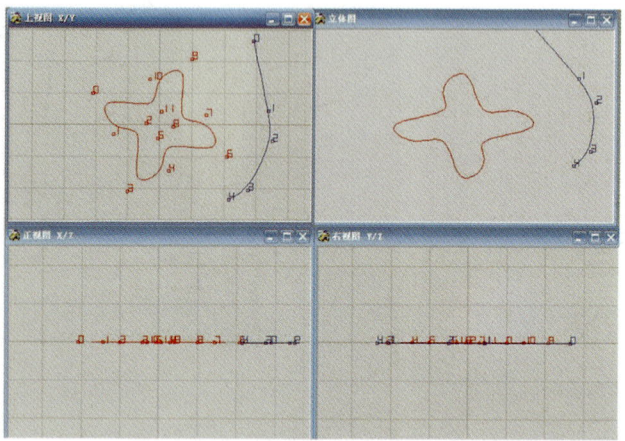

图 5-22 绘制曲线和曲面

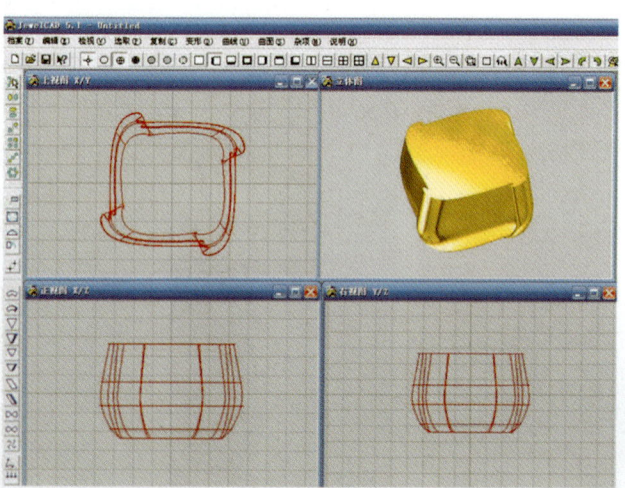

图 5-23 "单切面" 效果

双切面：生成的曲面具有多种形状的切面，选择的第一条曲线作为生成曲面起始切面，选择的第二条曲线作为生成曲面的最后一个切面，这两条线截面曲线的 CV 节点数要相同，截面曲线和坐标原点的位置、路径曲面 CV 节点的顺序都会影响到延伸出来的新曲面的形状。例如：在视窗中绘制一条任意曲线作为路线曲线，再绘制两个任意的图形作为切面，其中 CV 节点的数目与排列数目要一致，如图 5-24 所示，再选中曲线，执行"管状曲面"命令，把直径大小设置为 2，再选择"横向管状"单选按钮，最后单击"双切面"按钮，如图 5-25 所示。

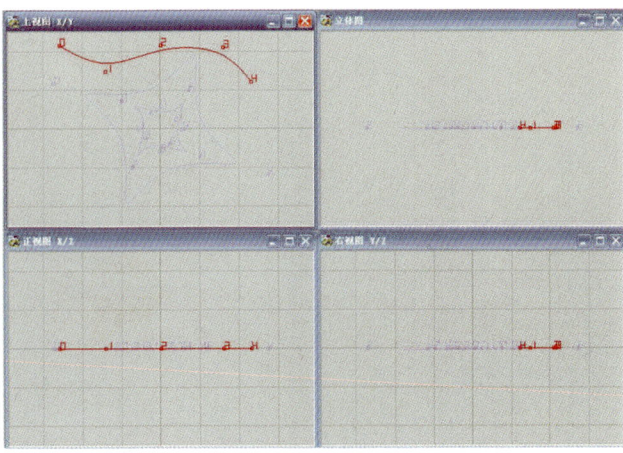

图 5-24 绘制曲线和曲面

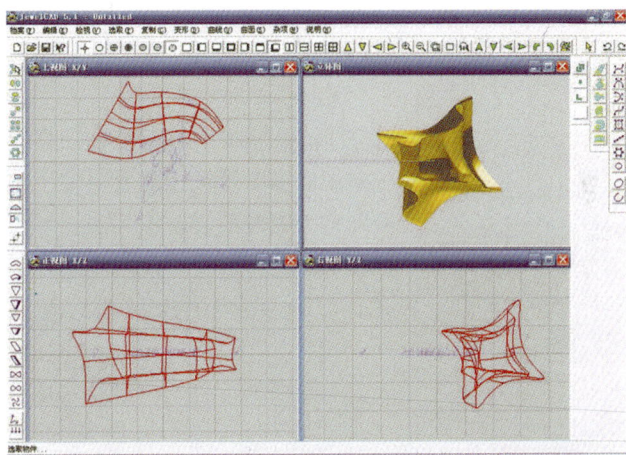

图 5-25 "双切面"效果

圆形切面：以一个圆作为切面，系统会要求输入圆形的直径或者是半径的大小。例如：在视图中绘制一个直径为 19，CV 节点数为 8 的圆，如图 5-26 所示，执行"管状曲面"命令，设置圆形切面的直径为 1mm，最后单击"圆形切面"按钮，如图 5-27 所示。

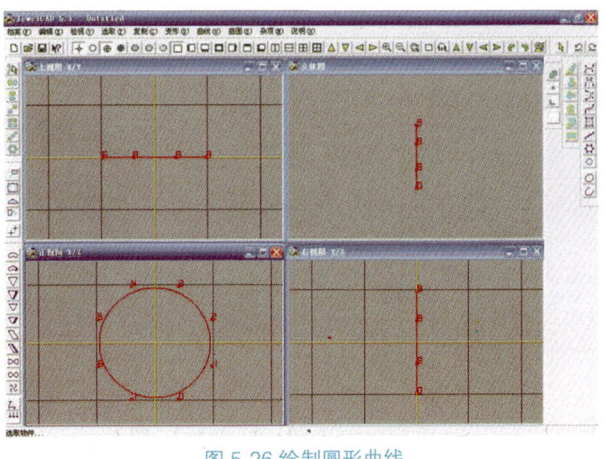

图 5-26 绘制圆形曲线

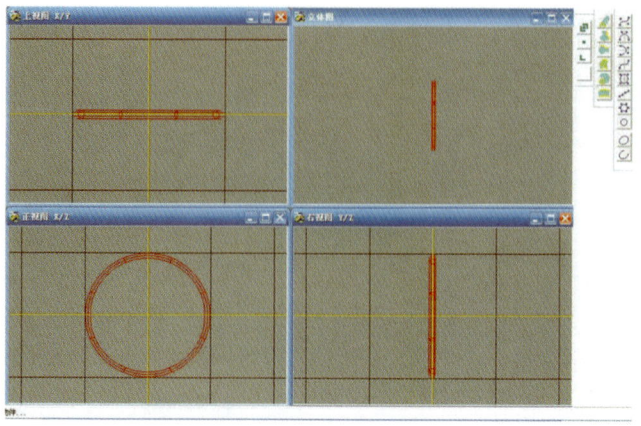

图 5-27 "圆形切面" 效果

5.7 导轨曲面

"导轨曲面"命令

此命令会将一系列的导轨曲线转变为由一系列平面组成的曲面。请先画出一系列的导轨曲线，选择该命令后，会弹出"导轨曲面"对话框，在对话框中进行设置。

选择"曲面 > 导轨曲面"菜单命令，如图 5-28 所示，利用此命令可以通过空间的经纬曲线编制产生任何形态的曲面实体，它让作为切面封闭曲线沿一条或者多条导轨运动生成曲面，在选择该命令前，必须创建好扫描的路径和截面的轮廓，单击"导轨曲面"命令后，即弹出"导轨曲面"对话框，如图 5-29 所示。

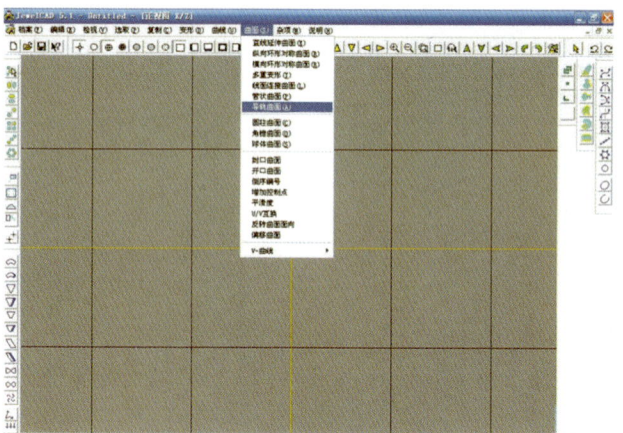

图 5-28 "曲面 > 导轨曲面"菜单命令

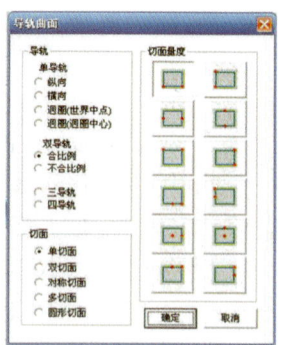

图 5-29 "导轨曲面" 对话框

对话框中各项参数的含义如下。

1. 单导轨

纵向：通过一条已经存在的导轨路径来产生曲面，另外一条导轨曲线是当前操作视图的纵轴，选择该项作生成曲面时，作为切面的曲线置于导轨曲线和纵轴之间，而切面的大小则根据导轨曲线和纵轴之间的距离成比例地放大或者是缩小。例如：在视窗中建立任意一条曲线和任意一个图形，如图5-30所示，选择"单导轨"区域中"纵向"和"切面"区域中"单切面"单选按钮，单击"确定"按钮，依次单击任意曲线，再选择任意图形，结果如图5-31所示。

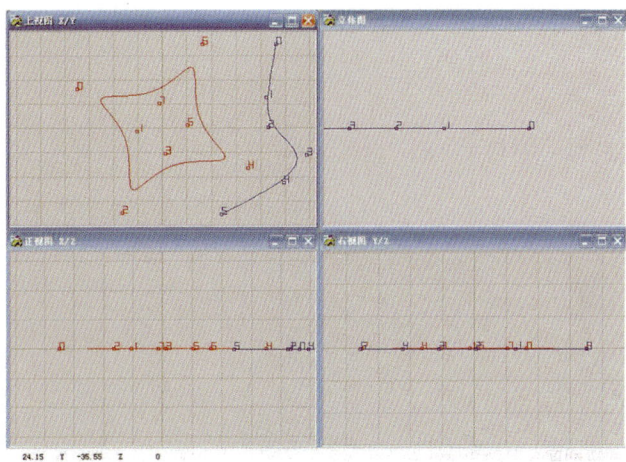

图5-30 绘制任意曲线与任意图形

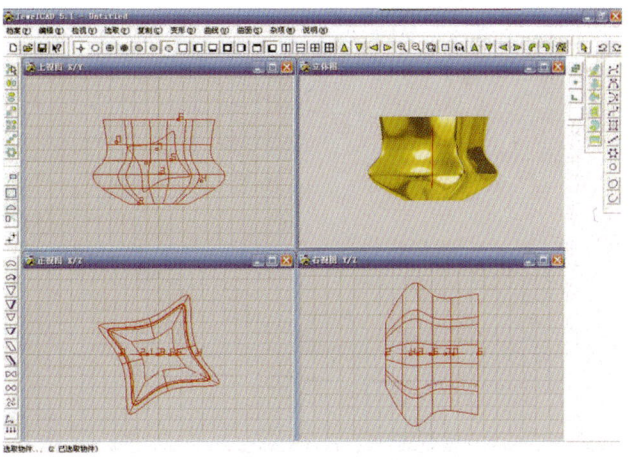

图5-31 单导轨、纵向效果图

横向：通过一条已经存在的导轨路径来产生曲面，另外一条导轨曲线是当前操作视图的横轴，选择该项生成曲面时，作为切面的曲线置于导轨曲线和横轴之间，而切面的大小则根据导轨曲线和横轴之间的距离成比例地放大或者是缩小。

迴圈（世界中心）：通过一条已经存在的导轨路径来产生曲面，另外一条导轨是进/出坐标轴，选择该项生成曲面时，作为切面的曲线置于导轨曲线和进/出轴之间，切面的高度和宽度根据导轨和进/出坐标轴之间的距离放大或者缩小。

迴圈（迴圈中心）：通过一条已经存在的导轨路径来产生曲面，另外一条导轨是物体自身的中心，选择该项生成曲面时，作为切面的曲线置于导轨曲线和自身的中心之间，切面的高度和宽度根据导轨和进/出坐标轴之间的距离放大或者缩小。

例如：在视窗中绘制任意一条曲线和任意一个图形，如图5-32所示，选择"导轨曲面"对话框中"迴圈（迴圈中心）"、"单切面"单选按钮，单击"确定"按钮，依次单击任意曲线，再单击任意图形，结果如图5-33所示。

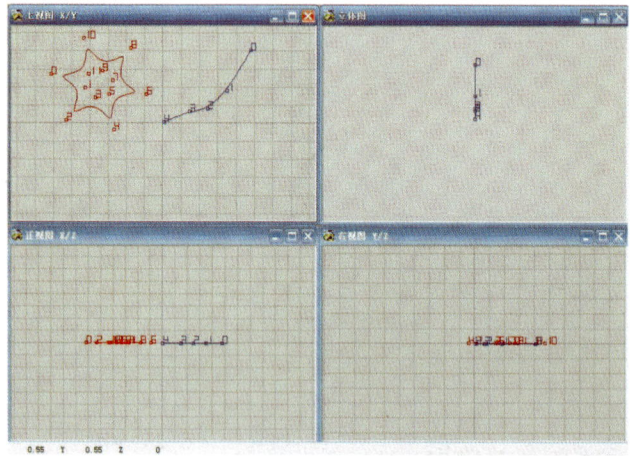

图5-32 绘制任意曲线与任意图形

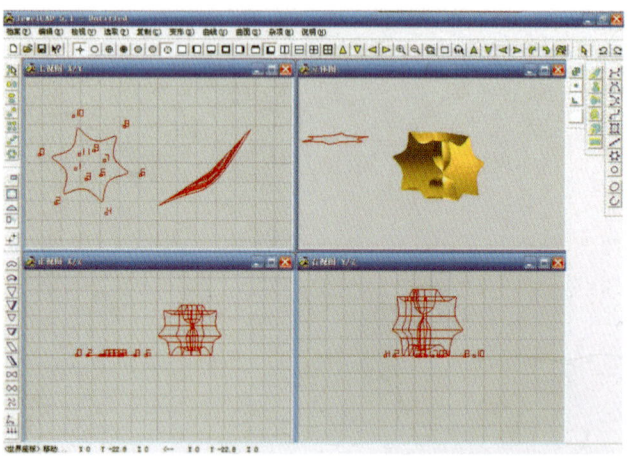

图5-33 迴圈、单切面效果图

2. 双导轨

合比例：该命令需要通过扫描两条已经存在的导轨路径曲线来产生曲面，使用该命令生成的曲面，其切面是相似的，没有形状上的变化，而只有大小的变化。

不合比例：该命令需要通过扫描两条已经存在的导轨路径曲线来产生曲面，沿导轨扫描时，切面的宽度或者高度根据两条导轨之间的距离放大或者缩小。

例如：在视窗中绘制任意两条导轨曲线和一个切面图形，如图5-34所示，再单击"导轨曲面"命令，在"导轨曲面"对话框中选择"合比例"、"单切面"选项，单击"确定"按钮后，依次单击两条任意曲线，再单击切面图形，结果如图5-35所示。

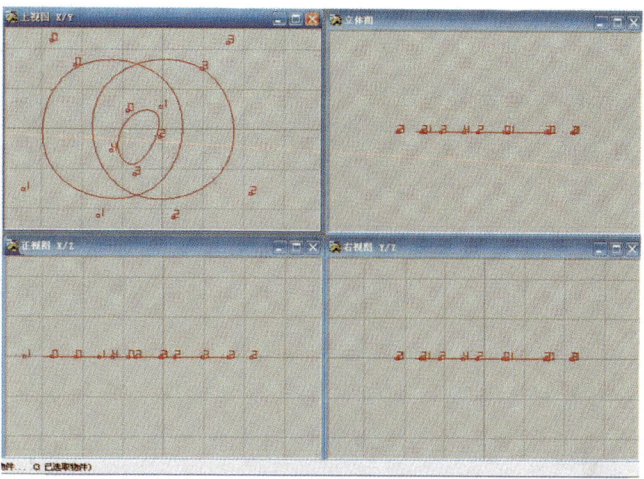

图5-34 绘制导轨曲线

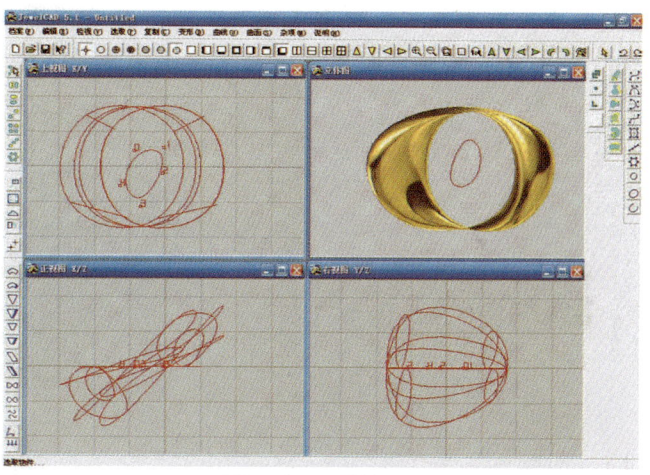

图5-35 双导轨效果图

3. 三导轨

该命令需要通过扫描三条已经存在的导轨路径曲线来产生曲面，作为切面的曲线置于前面两条导轨之间，其宽度或者高度根据前面两条导轨之间的距离大小而缩放。

4. 四导轨

该命令需要通过扫描四条已经存在的导轨路径曲线来产生曲面，作为切面的曲线置于先选择的第一条和第二条导轨之间，其宽度或高度根据前面两条导轨之间的距离来缩放。

5. 切面量度

用来决定截面轮廓在扫描时放置的位置和方向,包括宽度和高度,切面轮廓在 X 轴向上的长度为宽度,在 Y 轴向上的长度为高度。

5.8 圆柱曲面

"圆柱曲面"命令
此命令可在世界原点产生一个圆柱体。

选择"曲面 > 圆柱曲面"菜单命令,如图 5-36 所示,此命令可以在当前的操作视窗中创建圆柱曲面。例如,创建一个直径为 2mm,高为 2mm 的圆柱,如图 5-37 所示。

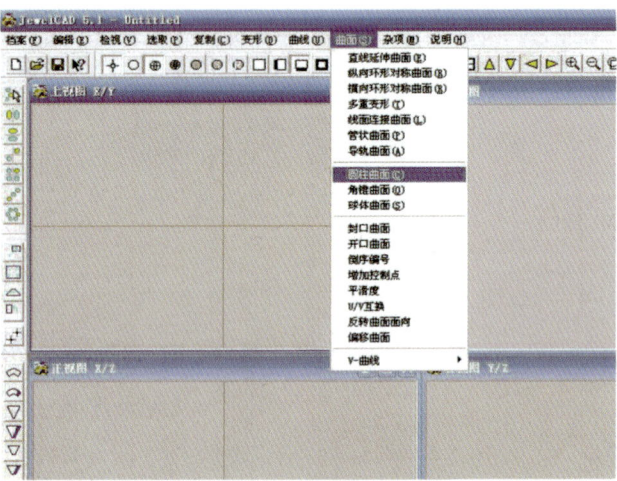

图 5-36 "曲面 > 圆柱曲面"菜单命令

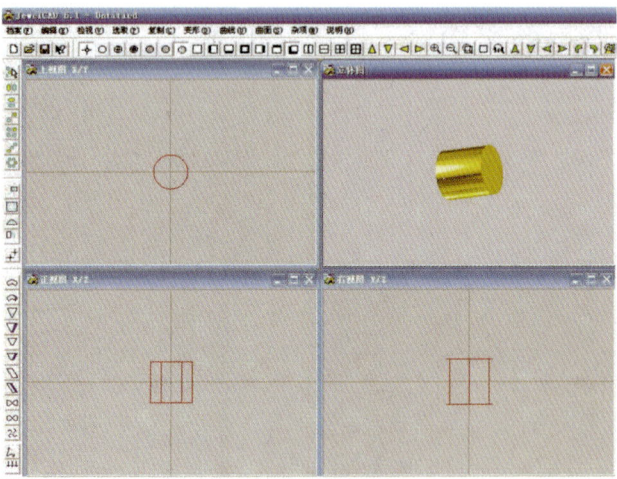

图 5-37 创建圆柱曲面

5.9 角锥曲面

"角锥曲面"命令

此命令可在世界原点产生一个角锥曲面。

选择"曲面 > 角锥曲面"菜单命令，如图5-38所示，此命令可以在当前的操作视窗中创建一个角锥曲面。例如：创建一个直径为2mm，高为2mm的圆柱，如图5-39所示。

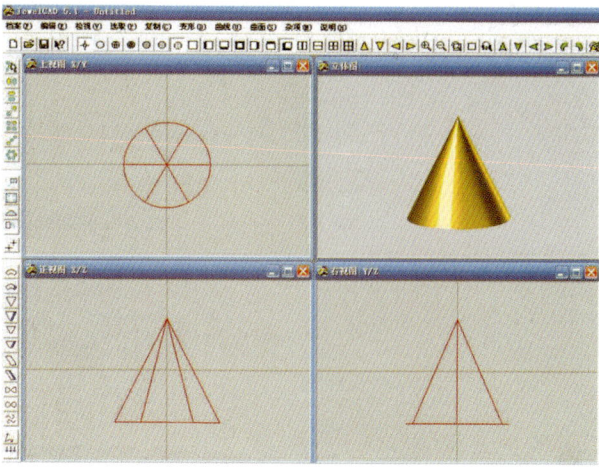

图 5-38 "曲面 > 角锥曲面"菜单命令

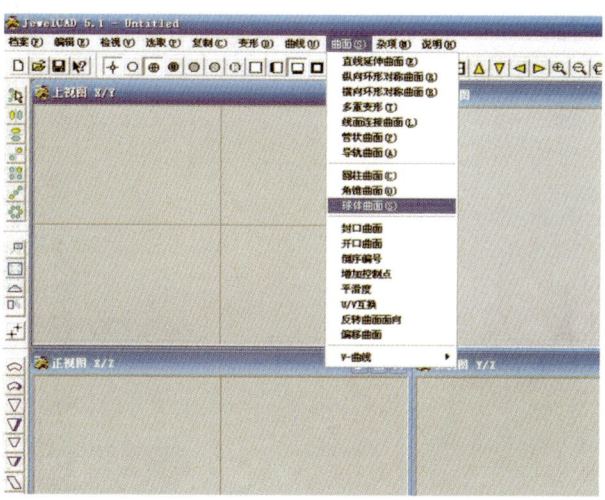

图 5-39 角锥曲面

5.10 球体曲面

"球体曲面"命令

此命令可在世界原点产生一个球体。

选择"曲面 > 球体曲面"菜单命令，如图5-40所示，此命令可在当前的操作视窗中创建一个球体曲面。例如：创建一个直径为2mm的球体，如图5-41所示。

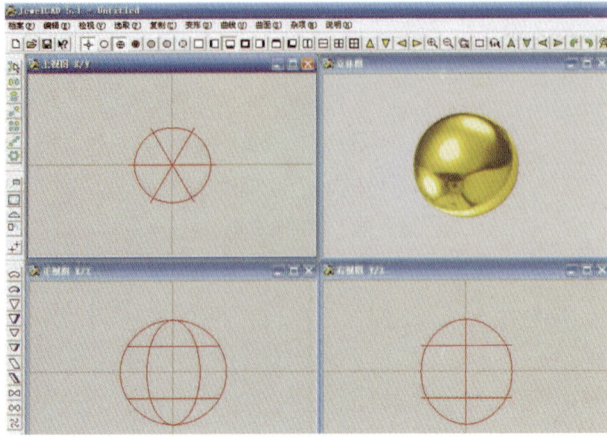

图 5-40 "曲面 > 球体曲面" 菜单命令

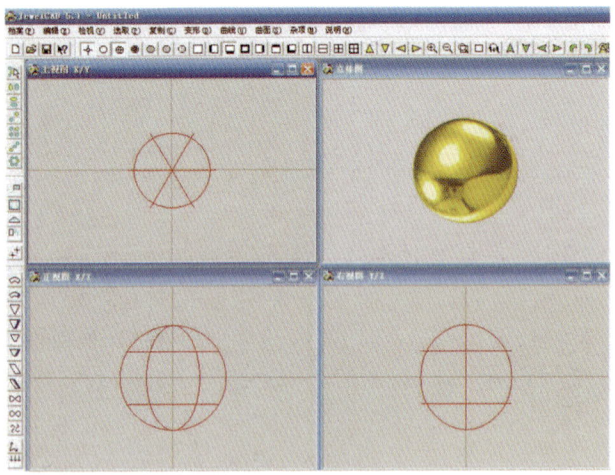

图 5-41 球体曲面

5.11 封口曲面

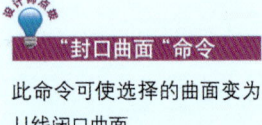

"封口曲面"命令

此命令可使选择的曲面变为 U 线闭口曲面。

选择"曲面 > 封口曲面"菜单命令,如图 5-42 所示,此命令用于将选中的曲面封口,图 5-43 为未封口的曲面,图 5-44 为封口的曲面。

图 5-42 "曲面 > 封口曲面" 菜单命令

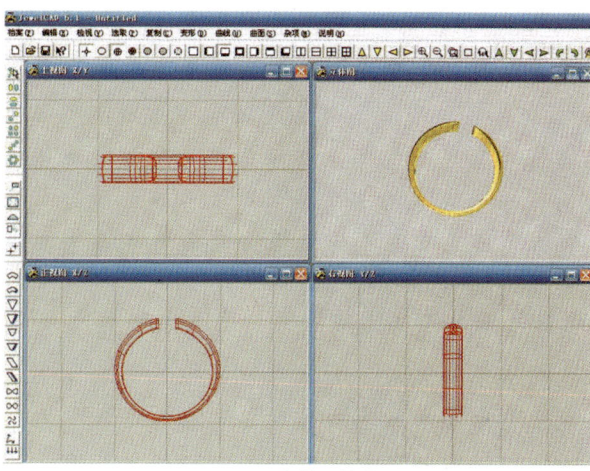

图 5-43 未封口的曲面

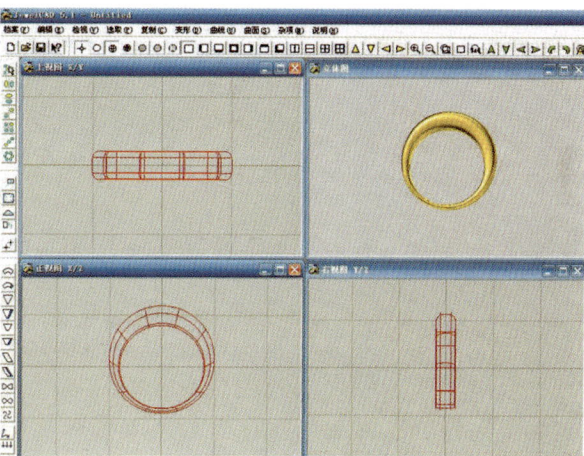

图 5-44 封口的曲面

5.12 开口曲面

"开口曲面"命令

此命令可使选择的曲面变为 U 线开口曲面。此命令正好与封口命令相反。

选择"曲面 > 开口曲面"菜单命令，如图 5-45 所示，此命令用于将选中的曲面开口，它的功能与封口命令相反。

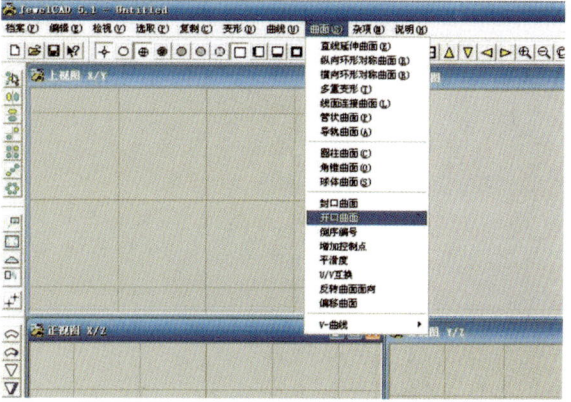

图 5-45 "曲面 > 开口曲面"菜单命令

5.13 倒序编号

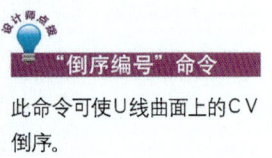

"倒序编号"命令

此命令可使U线曲面上的CV倒序。

选择"曲面 > 倒序编号"菜单命令，如图 5-46 所示，此命令可用来把选中的曲面的 CV 节点编号的顺序颠倒，但是必须在普通线图的显示模式下，先把曲面的 CV 节点展示出来。

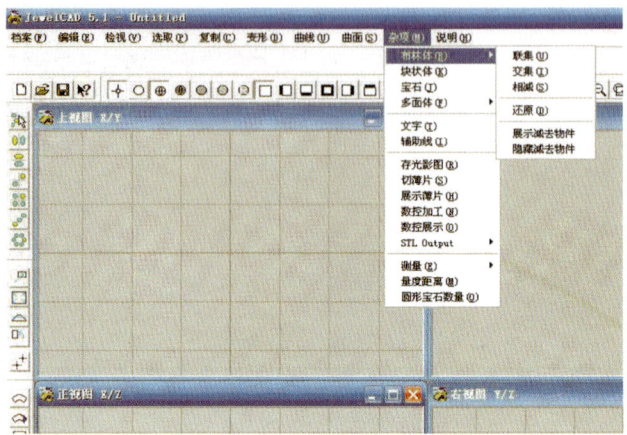

图 5-46 "曲面 > 倒序编号"菜单命令

5.14 增加控制点

选择"曲面 > 增加控制点"菜单命令，如图 5-47 所示，弹出"增加曲面控制点"对话框，如图 5-48 所示。此命令用于增加被选中曲面 CV 节点的数目，但不改变曲面的形状。图 5-49 为增加控制点前效果图，图 5-50 为增加控制点后效果图。

图 5-47 "曲面 > 增加控制点"菜单命令

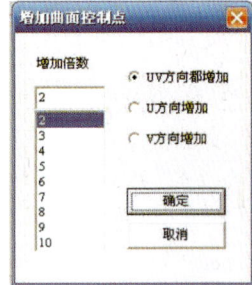

图 5-48 "增加曲面控制点"对话框

对话框中各项参数的含义如下。

增加倍数:在原来 CV 节点个数的基础上增加的倍数。

UV 方向都增加:同时增加 U 方向和 V 方向的 CV 节点个数。

U 方向增加:只增加 U 方向上的 CV 节点个数。

V 方向增加:只增加 V 方向上的 CV 节点个数。

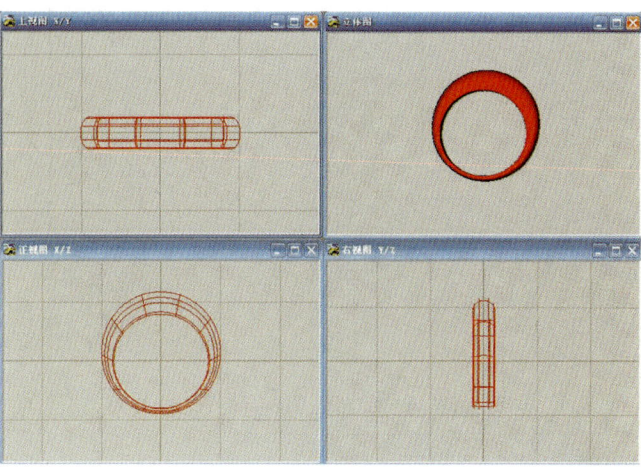

图 5-49 增加控制点前效果图

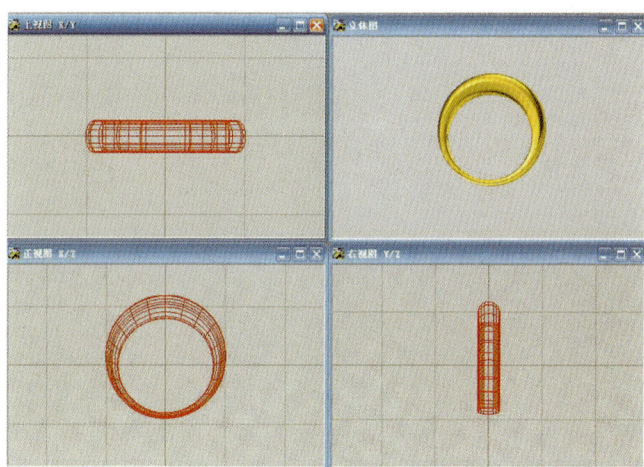

图 5-50 增加控制点后效果图

5.15 平滑度

"平滑度"命令

此命令改变曲面的平滑度。加大平滑的数值,使曲面更平滑,但是处理时间会延长。

选择"曲面 > 平滑度"菜单命令,如图 5-51 所示,此命令用来改变曲面的平滑度。单击"平滑度"命令,即弹出"平滑度"对话框,如图 5-52 所示。例如:打开资料库中的任意一款戒指,如图 5-53 所示,单击"平滑度"命令,选择"增加倍数"单选按钮,将"U 方向"与"V 方向"均设置为 4,结果如图 5-54 所示。

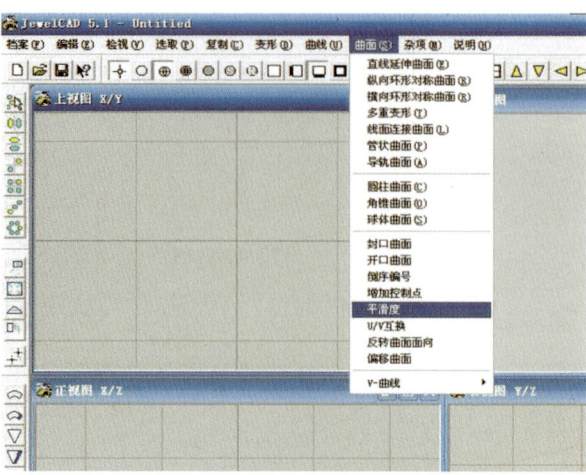

图 5-51 "曲面 > 平滑度"菜单命令

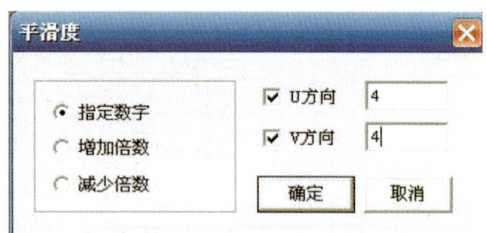

图 5-52 "平滑度"对话框

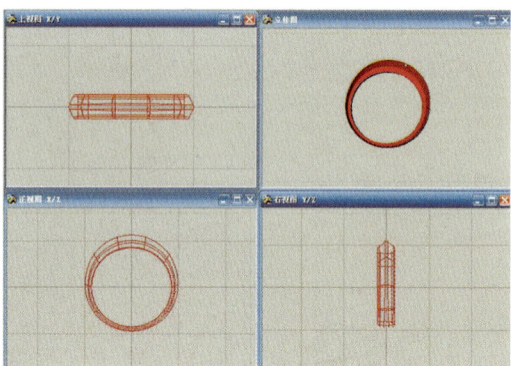

图 5-53 打开戒指

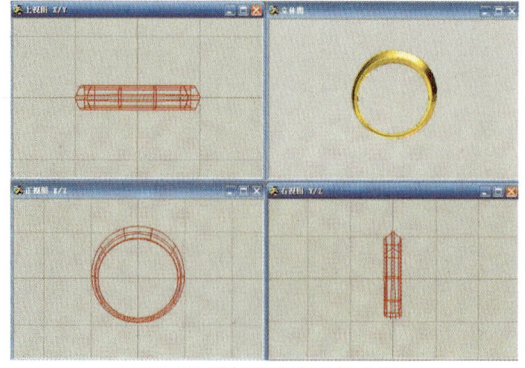

图 5-54 增加平滑度后的戒指

5.16 U/V 互换

"U/V 互换"命令的作用

这一命令将选中的曲面的 U V 线交换。

选择"曲面 >U/V 互换"菜单命令,如图 5-55 所示,此命令用来将曲面的 U 曲线和 V 曲线互换,使用该命令时,先选择曲面,再选择"U/V 互换"命令,即可将曲面和 U 曲线和 V 曲线互换。

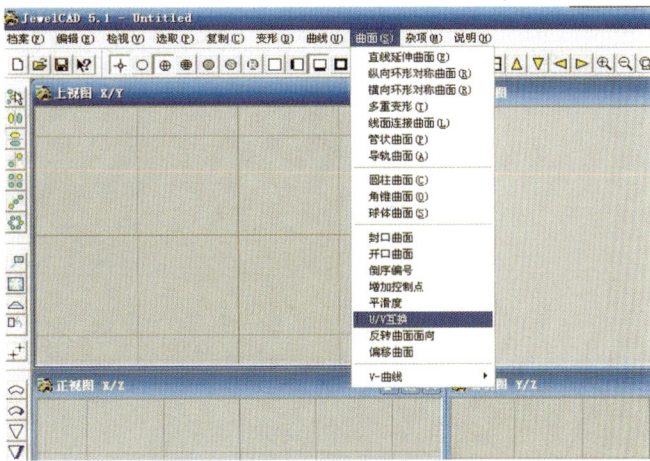

图 5-55 "曲面 >U/V 互换"菜单命令

5.17 反转曲面面向

反转曲面面向

此命令可改变曲面的方向。

选择"曲面 > 反转曲面面向"菜单命令,如图 5-56 所示,此命令用来反转曲面的面向。

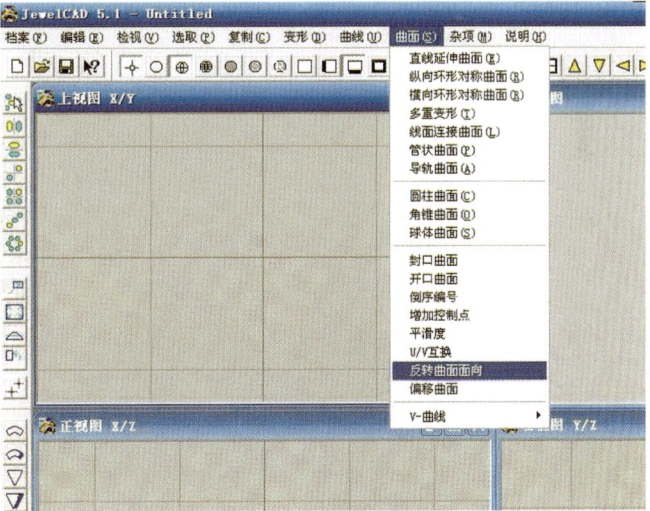

图 5-56 "曲面 > 反转曲面面向"菜单命令

5.18 偏移曲面

选择"曲面 > 偏移曲面"菜单命令，如图 5-57 所示，此命令用来从选中的曲面偏移出另一个曲面。单击"偏移曲面"命令，即弹出"偏移"对话框，如图 5-58 所示，对话框中各项参数的含义如下。

偏移半径：用于设置偏移曲面的半径。

两方偏移：向外向内两个方向偏移。

向外偏移：只向外偏移（有形变）。

向内偏移：只向内偏移（有形变）。

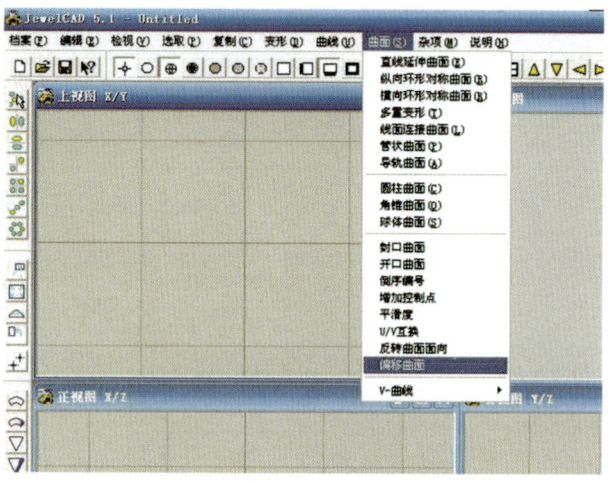

图 5-57 "曲面 > 偏移曲面"菜单

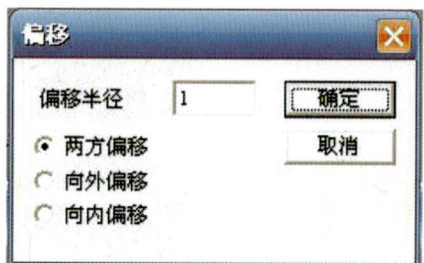

图 5-58 "偏移"对话框

5.19 V-曲线

选择"曲面 >V—曲线"菜单命令，如图 5-59 所示。

"曲面>V— 曲线>开口曲面"命令：用来将曲面的V方向打开，从而使曲面成为一个开口的曲面。

"曲面>V— 曲线>封口曲面"命令：用来将曲面的V方向封口，从而使曲面成为一个闭合的曲面。

"曲面>V—曲线>倒序编号"命令：用来将曲面上V曲线的CV节点编号顺序反转。

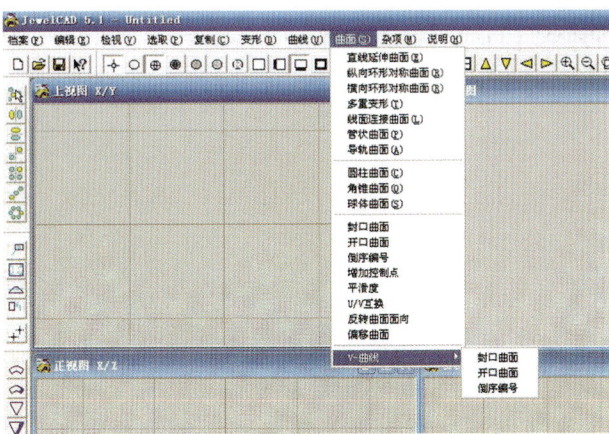

图 5-59 "曲面 >V- 曲线"菜单命令

例如：打开"档案 > 资料库 B"中的任意一款戒指，如图 5-60 所示，选择"V—曲线 > 开口曲面"命令，结果如图 5-61 所示。

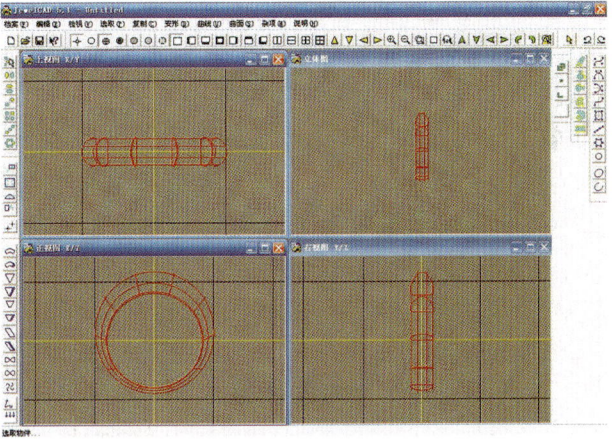

图 5-60 打开戒指

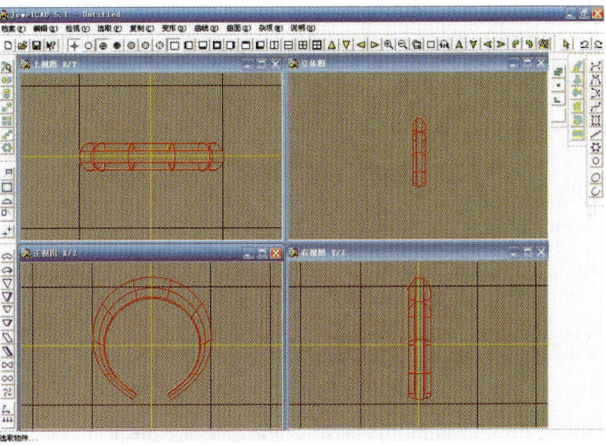

图 5-61 "V—曲线"的开口曲面戒指

CHAPTER 06 杂项（Misc）菜单

本章学习时间
共80分钟，其中40分钟学习杂项菜单中的各个菜单命令的用法与含义，另外40分钟熟悉这些命令的实例操作方法。

本章学习要点
① 掌握布林体的使用方法和含义
② 掌握多面体的使用方法和含义
③ 熟练掌握薄片的使用方法

6.1 布林体

> **"布林体"命令**
> "布林体"工具等同于3D中的布尔运算，其中包含"联集"、"交集"、"相减"、"还原"等子命令。

选择"杂项 > 布林体"菜单命令，如图 6-1 所示。此命令用来对三维的对象进行联集、相交、相减等操作。"布林体"菜单中包含 6 个子命令，分别为："联集"、"相交"、"相减"、"还原"、"展示减去物件"、"隐藏减去物件"，也可以单击相应的图标 应用该命令。

联集：此命令用于将选中的多个物体合为一个物体。
交集：此命令用于将选中的多个物体重合或相交的部分保留下来。
相减：此命令用于用一个物体减去另外一个物体。
还原：此命令用于将物体还原为没有执行操作命令之前的图形。
展示减去物件：作相减运算后的布林体减去物体在默认状态下是不显示的，执行该命令可以将它们显示出来。
隐藏减去物件：此命令用于将作为减体的物体隐藏。

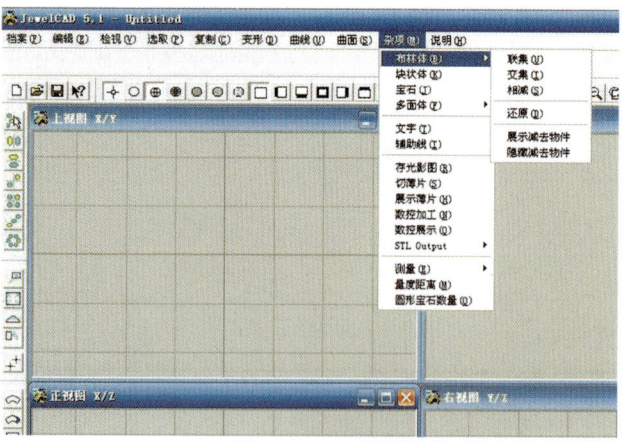

图 6-1 "布林体" 菜单命令

CHAPTER 06 ◆ 杂项（Misc）菜单

"联集"命令的作用

将多个选定的物体联合为布林体。

下面应用"联集"命令。

从资料库 B 中任意选出两个图形，单击"联集"命令后得到结果，如图 6-2 所示。

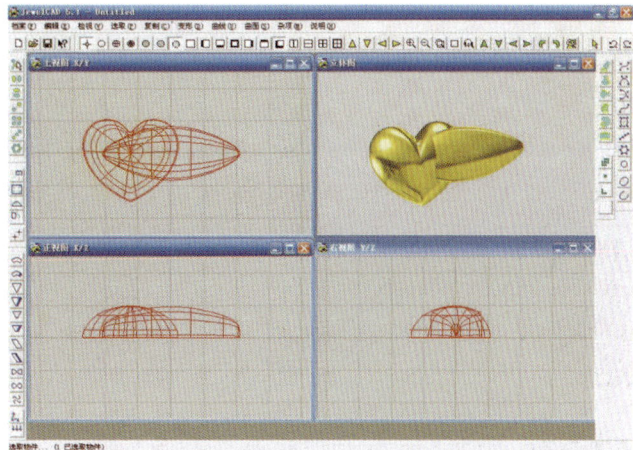

图 6-2 应用"联集"命令效果

下面应用"交集"命令。

从资料库 B 中任意选出两个图形，单击"交集"命令后得到结果，如图 6-3 所示。

"交集"命令的作用

得到两个物体的交集（即公共部分）作为布林体。

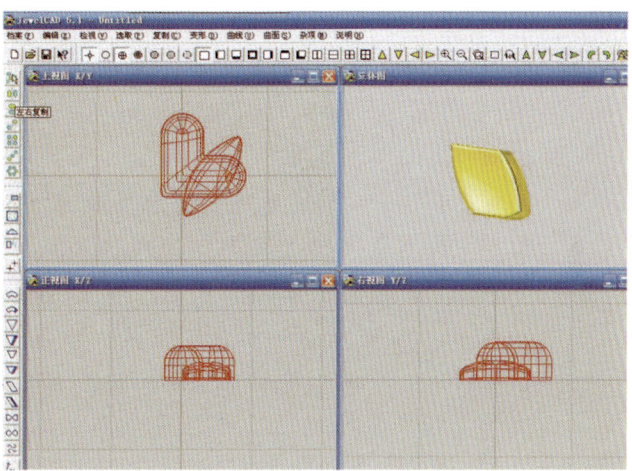

图 6-3 应用"交集"命令效果

下面应用"相减"命令。

从资料库 B 中任意选出两个图形，单击"相减"命令后得到结果，如图 6-4 所示。

"相减"命令的作用

从一个物体（主体）中减去另一个物体（被减体）。首先选中被减体，单击此命令，按状态栏提示，选中主体，即可从主体中减去被减体。

77

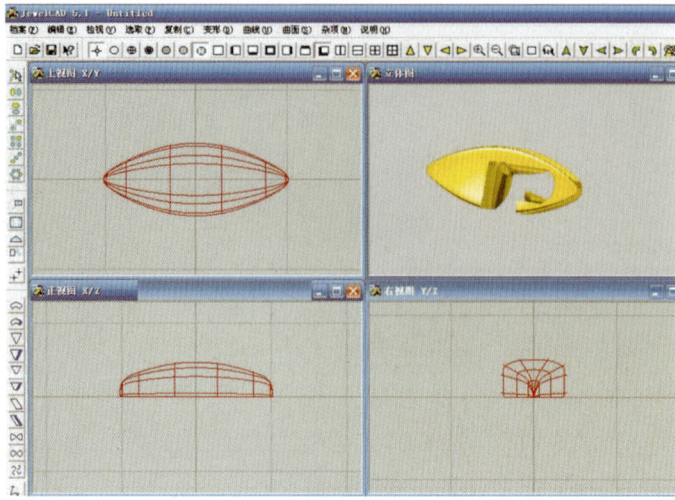

图 6-4 应用"相减"命令效果

6.2 块状体

"块状体"命令

此命令可产生一块状体。可以使一系列的曲线生成立体物体。

选择"杂项＞块状体"菜单命令,如图 6-5 所示。此命令用来创建块状体,块状体是通过延伸数条截面轮廓而产生的实体,单击"块状体"命令后会弹出"制作块状体"对话框,如图 6-6 所示,对话框中的参数包括厚度、切角以及圆角大小等。对话框中各项参数的含义如下。

块状体厚度:设定产生的块状体厚度。

圆角/切角半径:如一个块状体被指定为圆角或切角,在此可以设定半径数值,如果设为 0,则不存在圆角、切角。

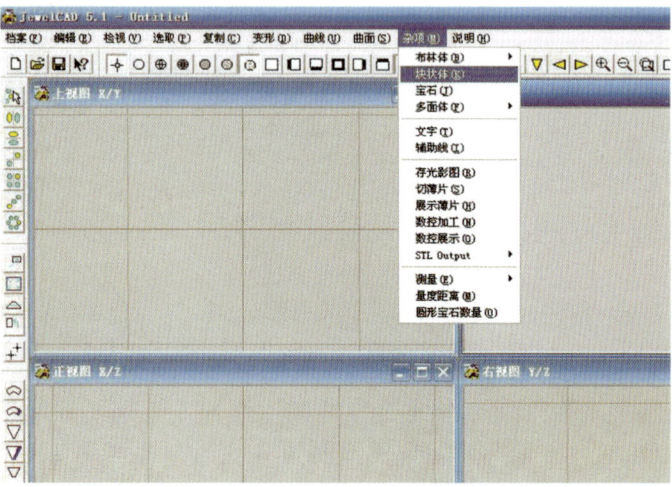

图 6-5 "杂项＞块状体"菜单命令

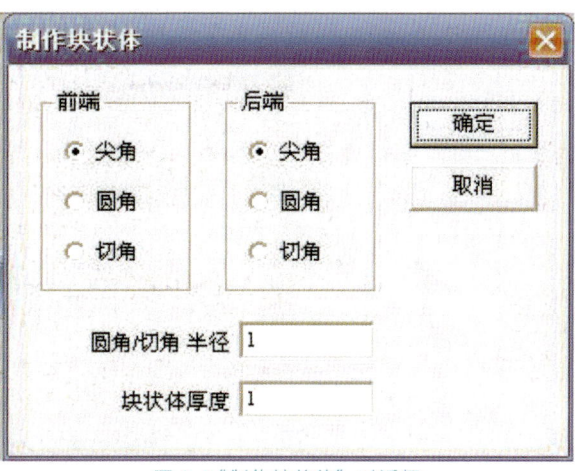

图 6-6 "制作块状体" 对话框

6.3 宝石

"宝石"命令的应用

此命令会调用库中的宝石到视图中。选择此命令即打开"宝石"对话框,其中含有各种各样的宝石,选择其中一种,即可将其调到视图中。

选择"杂项 > 宝石"菜单命令,如图 6-7 所示,此命令用来创建一个刻面的宝石,当选取该命令时会弹出"宝石"对话框,如图 6-8 所示,选择相应的宝石后,即可创建宝石。

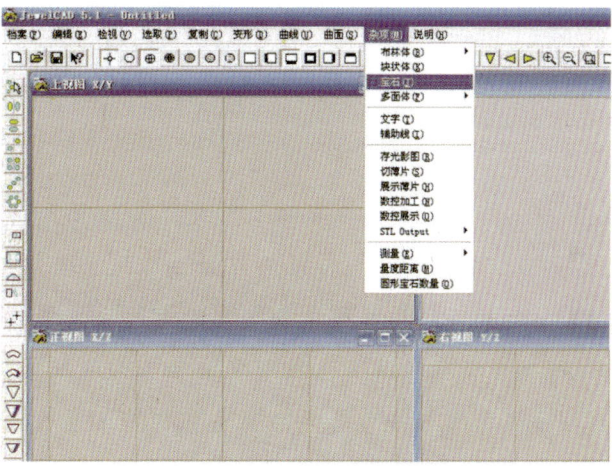

图 6-7 "杂项 > 宝石" 菜单命令

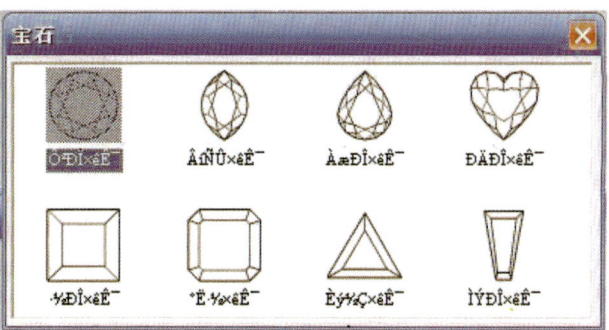

图 6-8 "宝石" 对话框

6.4 多面体

选择"杂项 > 多面体"菜单命令，如图 6-9 所示，此命令用来对多面体进行编辑，"多面体"菜单中包含如下子命令。

平面多面体：此命令用来将多面体转变为平面多面体。

光滑多面体：此命令用来将多面体转变为光滑多面体。

反转面向：此命令用来将多面体的方向翻转。

延伸成实体：此命令用来将多面体延伸成实体，单击该命令后，会弹出"延伸多面体成实体"对话框，如图 6-10 所示，可直接输入 X、Y、Z 延伸的数值。

> **设置多面体延伸参数**
>
> 在"延伸多面体成实体"对话框中可以直接输入各项数值，也可以单击"设定"按钮进行如下操作：在视图中，单击可以沿水平和垂直方向延伸，右击可以沿任意方向延伸。释放鼠标即可将当前 X/Y/Z 的数值调入框中。

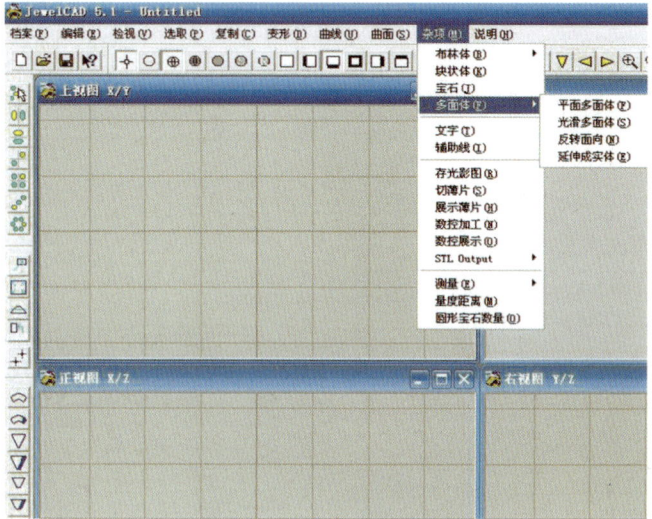

图 6-9 "杂项 > 多面体"菜单命令

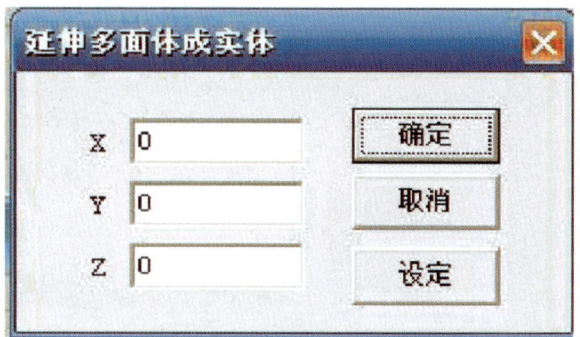

图 6-10 "延伸多面体成实体"对话框

6.5 文字

"文字"命令的作用

此命令可在视图中输入文字。单击该命令,打开"文字"对话框,单击"设定字型"按钮,打开"字体"对话框,选择字体、字形、大小。

勾选"制作立体文字"复选框可创建立体的文字。

选项"杂项 > 文字"菜单命令,如图 6-11 所示,此命令用来创建实体文字,单击"文字"命令后,弹出"文字"对话框,如图 6-12 所示。

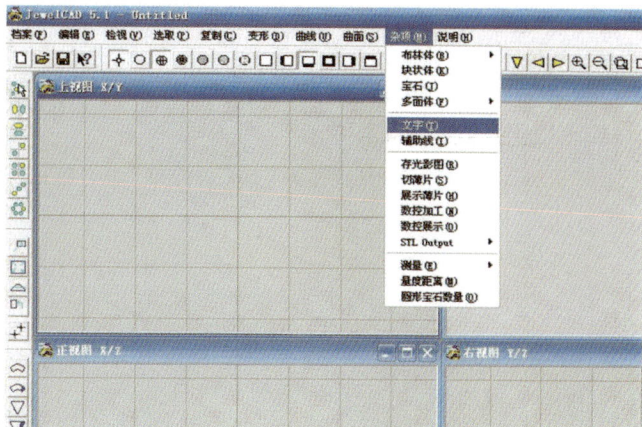

图 6-11 "杂项 > 文字"菜单命令

图 6-12 "文字"对话框

在对话框中,勾选"制作立体文字"复选框,单击"设定字型"按钮,弹出"字体"对话框,如图 6-13 所示,在此可以设定想要的字形,设定完成后单击"确定"按钮,弹出"制作块状体"对话框,如图 6-14 所示,在此可以设置块状体的厚度、尖角以及切角等,生成的文字如图 6-15 所示。

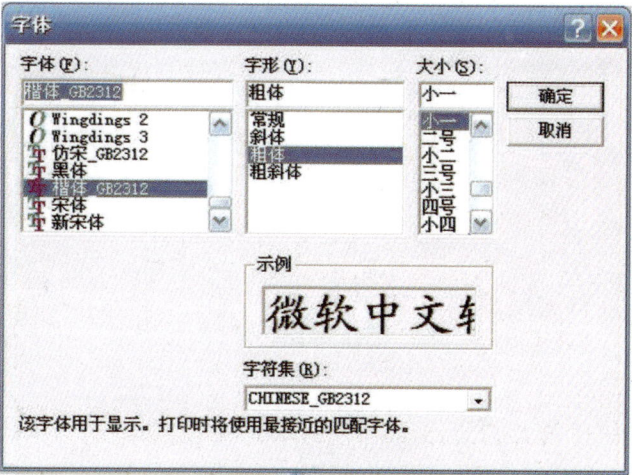

图 6-13 "字体"对话框

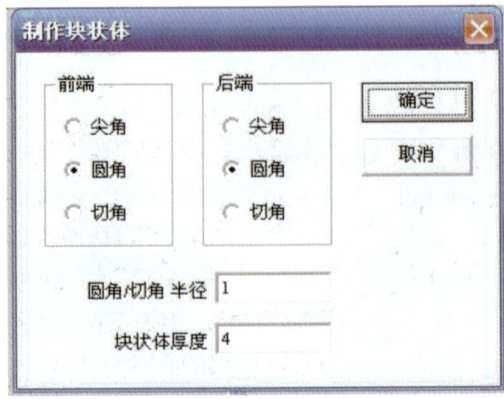

图 6-14 "制作块状体"对话框

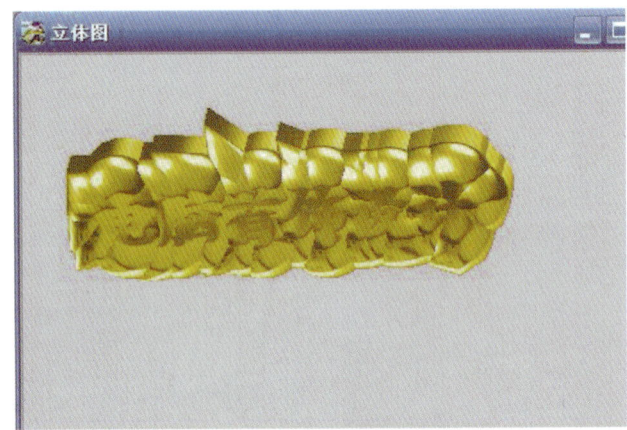

图 6-15 "块状体"效果文字

6.6 辅助线

"辅助线"命令

此命令将建立辅助线,在绘制曲线时限定曲线的大小和界限。

选择"杂项 > 辅助线"菜单命令,如图 6-16 所示,此命令用来创建辅助线,选择该命令时光标会变成"十"字形状,在视图中按住鼠标左键并上下左右拖动即可创建想要的辅助线。

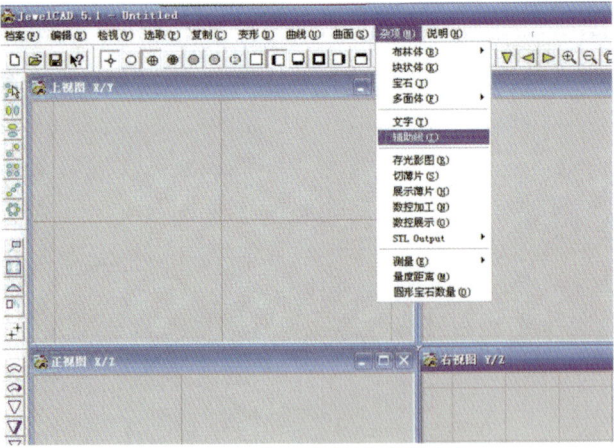

图 6-16 "杂项 > 辅助线"菜单命令

6.7 存光影图

存光影图注意事项

将当前视图保存为光影图时要注意：试用版软件没有背景色、抗变形度、轮廓线条的设定。

选择"杂项＞存光影图"菜单命令，如图6-17所示，此命令可将目前操作完成的效果图以位图的形式保存，单击后会弹出"存光影图"对话框，如图6-18所示，对话框中各个参数含义如下。

档案名称：可直接输入要保存的名称，还可以单击"档案名称"这个按钮，在弹出的另存为对话框中设置要保存的位置、文件名以及文件格式。

解析度：用来设置图片的分辨率大小，包含了图片的宽度和高度，可以直接在数值框中输入数值，也可以在最右边的列表框中选择相应的数值。

背景颜色：用来设置文件的背景颜色，单击颜色色块，可以自行选择颜色，如图6-19所示。

抗变形度：用来设置图片的品质，设置值越大，图片的效果越好，但是渲染速度越慢。

轮廓线条：用来将文件图片渲染成黑白两色的线框图。

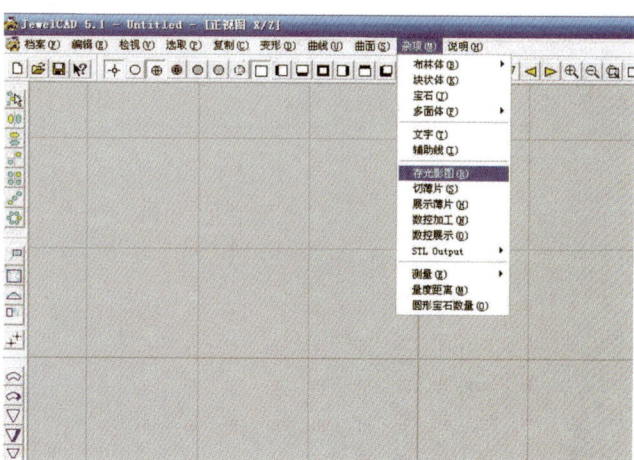

图 6-17 "杂项＞存光影图"菜单命令

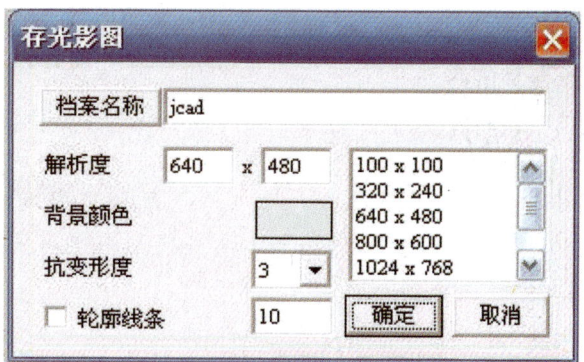

图 6-18 "存光影图"对话框

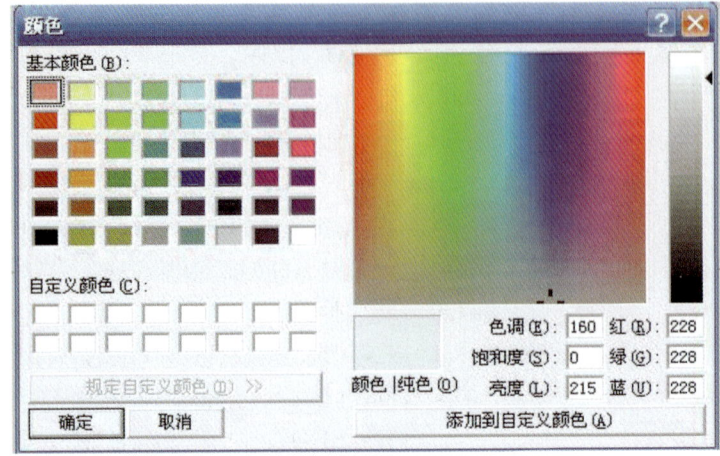

图 6-19 "颜色"对话框

6.8 切薄片

将原型切成薄片,并保存成文件。

选择"杂项 > 切薄片"菜单命令,如图 6-20 所示,此命令可为数控加工提供加工数据,单击后会弹出"切薄片"对话框,如图 6-21 所示。

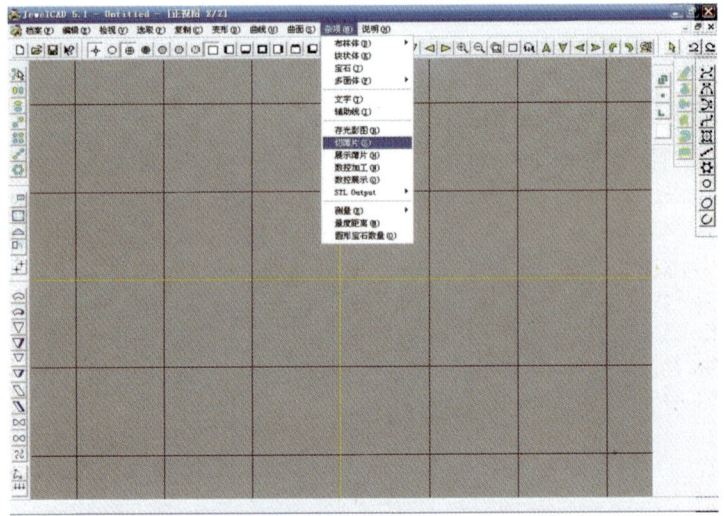

图 6-20 "杂项 > 切薄片"菜单命令

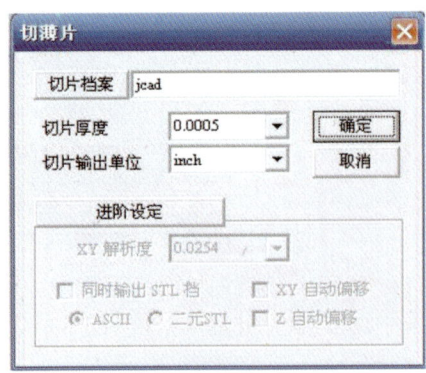

图 6-21 "切薄片"对话框

对话框中各个参数含义如下。

切片档案：用来设置切片保存数据，可以在文本框中直接输入保存的路径和名称。

切片厚度：用来设置切片的厚度，可以在数值框中直接输入想要的厚度数值。

切片输出单位：用来设置切片的输出单位，单位为毫米或英寸。

进阶设定：用来设定某些参数，在默认状态下，"进阶设定"按钮为灰色的，是不能设定的。

XY 解析度：用来设置 XY 两向的解析度，其值越小，产生的切面数据就越精确，切片的后台操作时间就越长。

同时输出 STL 档：勾选此选项后，会在输出切片数据的同时，将一个三维模拟以 STL 的格式输出。

XY 自动偏移：用来设置切片运算时自动地沿着 XY 方向偏移。

Z 自动偏移：用来设置切片运算时自动沿着 Z 方向偏移。

所有的数值都设定好后，单击"确定"按钮，系统即开始进行切片的计算。

6.9 展示薄片

"展示薄片"命令

此命令可打开"展示薄片"对话框，单击"打开文件"按钮可以打开存在的薄片文件（SLC）。打开后，会在标题栏中显示文件路径和名称单击。"显示全部"按钮，会显示全部薄片。拖动水平滚动条，可使薄片逐个显示。

选择"杂项＞展示薄片"菜单命令，如图 6-22 所示，此命令用来把"切薄片"命令的结果展示出来，如图 6-23 所示。

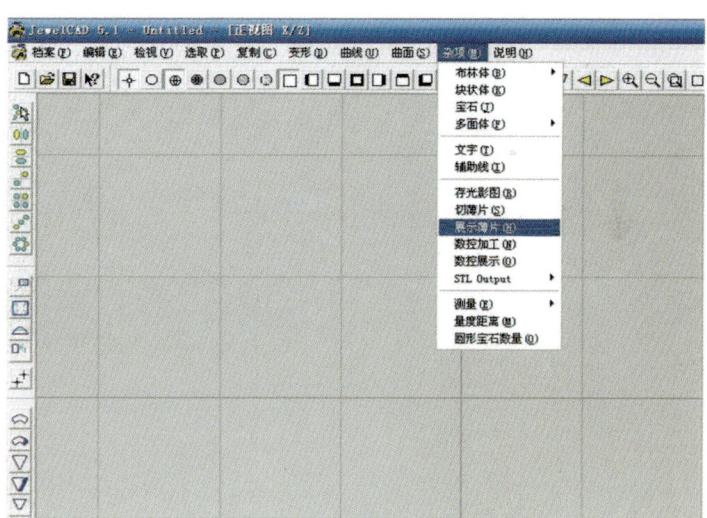

图 6-22 "杂项＞展示薄片"菜单命令

图 6-23 展示薄片

6.10 数控加工

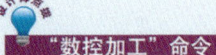
"数控加工"命令

此命令可产生数字控制的项目。数控格子的大小由加工尺寸决定。如使用"设定"按钮来限定数控格子的范围，必须先设定物体的大小参数。

选择"杂项 > 数控加工"菜单命令，如图 6-24 所示，此命令用来输出数控加工文件，单击该命令后会弹出"数控加工"对话框，如图 6-25 所示。在对话框中可以设置数控档案的保存路径、名称、格式等信息。

图 6-24 "杂项 > 数控加工"菜单命令

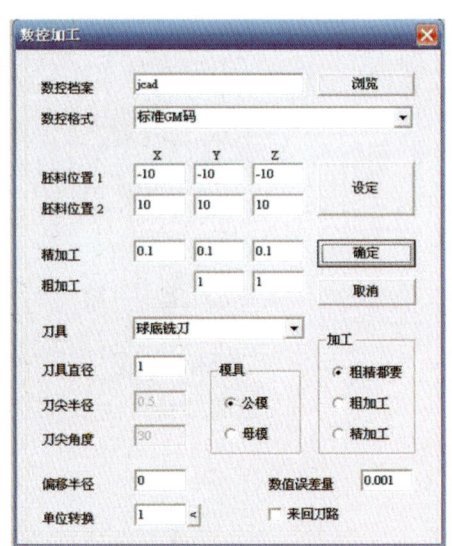

图 6-25 "数控加工"对话框

对话框中各个参数含义如下。

数控档案：生成数控文件的名称。可以直接在文本框中输入名称，也可以单击"浏览"按钮，设置保存文件的路径和名称。

数控格式：在下拉列表中可以选择数控文件的格式，包括"标准 GM 码"、Micromaster CNC、Roland MDX-15/20、Roland MDX-500/650。

胚料位置 1/2：这是假设的装入胚料的盒子，可以在文本框中直接输入该盒子的两个相反的角对应的 X、Y、Z 值。

刀具直径：用于设置刀具的直径。

刀尖半径：如果选用了锥形刀具，此选项被激活，用来设置刀具的刀尖半径。

刀尖角度：如果选用了锥形刀具，此选项被激活，用来设置刀具的刀尖角度。

偏移半径：用于设置加工中偏移的正负半径。

单位转换：将屏幕单位转换为加工单位。

6.11 数控展示

"数控展示"命令

此命令用于展示数控文件，将打开一个对话框，其中包含"数控档案"以及"物件比例"等参数。

选择"杂项 > 数控展示"菜单命令，如图 6-26 所示，此命令用来展示数控加工的文件，选择该命令后会弹出"展示数控档案"对话框，如图 6-27 所示，对话框中各个参数意义如下。

数控档案：在对话框中直接输入要打开的文件名和路径，单击"确定"按钮，打开 NC file 类型的文件。

物件比例：用来让数控加工命令产生的 NC file 文件以合适的比例展示。

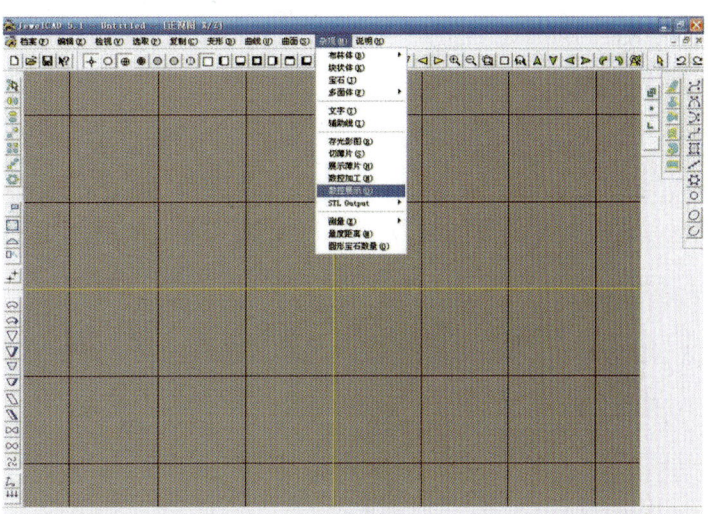

图 6-26 "杂项 > 数控展示"菜单命令

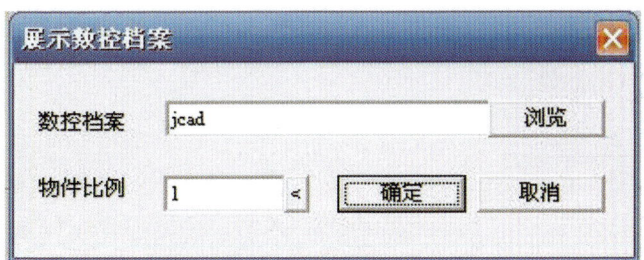

图 6-27 "展示数控档案"对话框

6.12 STL 输出

选择"杂项 >STL 输出"菜单命令，如图 6-28 所示，此命令用来输出数控加工的 STL 文件，该命令下包含两个子命令："三轴式数控加工"和"滚转式数控加工"。

三轴式数控加工：选择该命令后会弹出"三轴式数控加工"对话框，在对话框中可以设置 X、Y 轴的精准度，设置完毕后，单击"确定"按钮即可保存。

滚转式数控加工：选择该命令后会弹出"滚转式数控加工"对话框，同样，在对话框中可设置角度精准度和 Y 轴的精准度，设置完毕后，单击"确定"按钮即可保存。

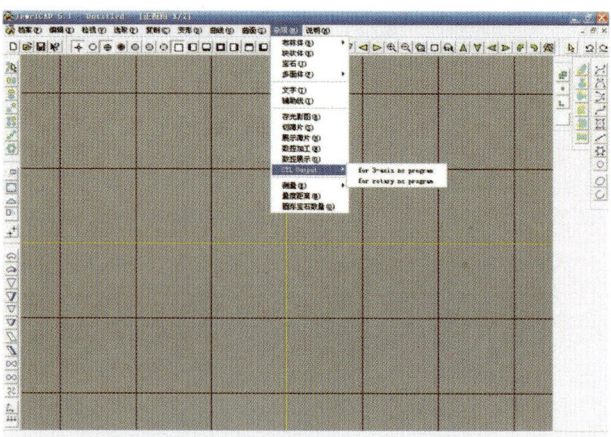

图 6-28 "杂项 >STL 输出"菜单命令

6.13 测量

"测量"命令

重量：测定选定物件重量。单击弹出对话框中的"确定"按钮，即显示物件的重量。
体积：显示选定物件的体积。单击弹出对话框中的"确定"按钮，即显示物件的体积。
重心：显示选定物件的重心。单击"确定"按钮，即显示物件重心的位置。

选择"杂项 > 测量"菜单命令，如图 6-29 所示，此命令用来测量物体本身的重量、体积以及重心。单击此命令后，会弹出"测量重量"对话框，如图 6-30 所示。"测量"命令下一共包含 3 个子命令，分别是"重量"、"体积"、

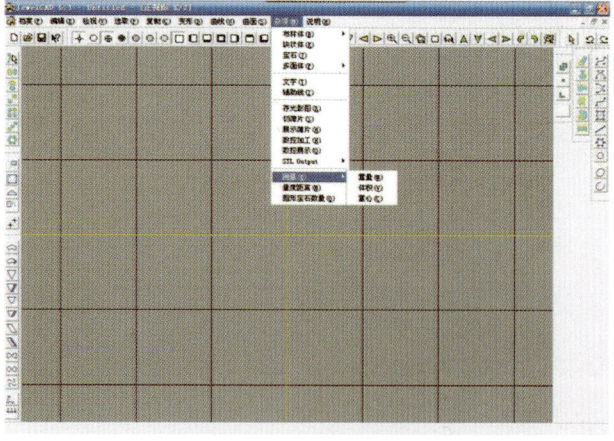

图 6-29 "杂项 > 测量"菜单命令

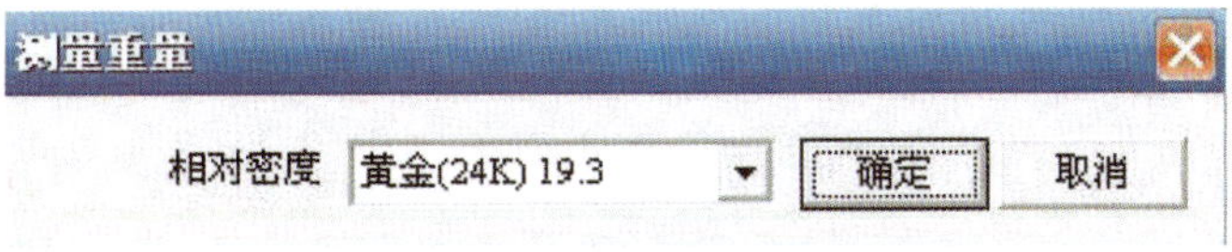

图 6-30 "测量重量" 对话框

6.14 量度距离

"重心"，根据测量的物体，它们会精确地算出该物体的重量、体积和重心。

选择"杂项 > 量度距离"菜单命令，如图 6-31 所示，此命令用来测量两点之间的距离，如图 6-32 所示。

"量度距离"命令

该命令可测量两点之间的距离和两条直线的角度。如果测量两点之间的距离，则单击第一个点，再单击第二个点并按住鼠标左键不放，在状态栏中显示两点间的距离，释放鼠标后，这一距离就固定了。若要测量两直线的距离，首先单击第一个点，再单击第二个点，然后单击第三个点，这样，由第1、2两点确定的直线和第2、3点确定的直线之间的夹角即显示在状态栏中。

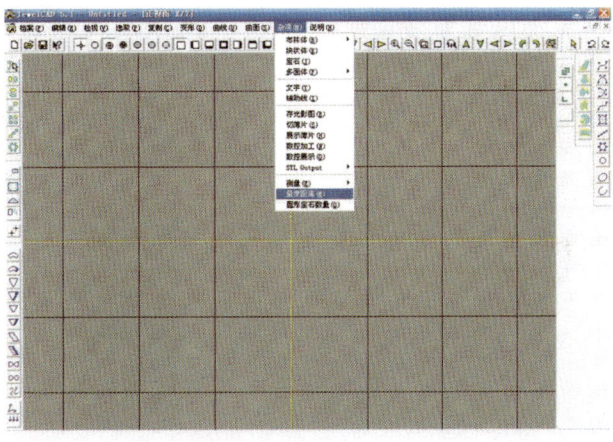

图 6-31 "杂项 > 量度距离"菜单命令

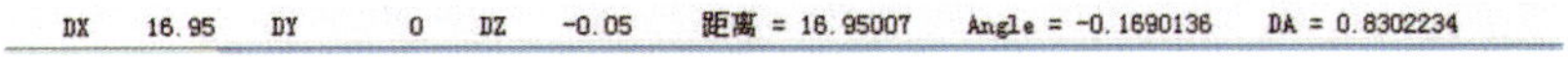

图 6-32 测量量度距离

6.15 圆形宝石数量

选择"杂项 > 圆形宝石数量"菜单命令，此命令用于计算视图中圆形宝石的数量以及大小，如图 6-33 所示。

"圆形宝石数量"命令

此命令可计算视图中圆形宝石的数量。选择此命令，将计算视图中所有的圆形宝石的不同直径长度和数量。

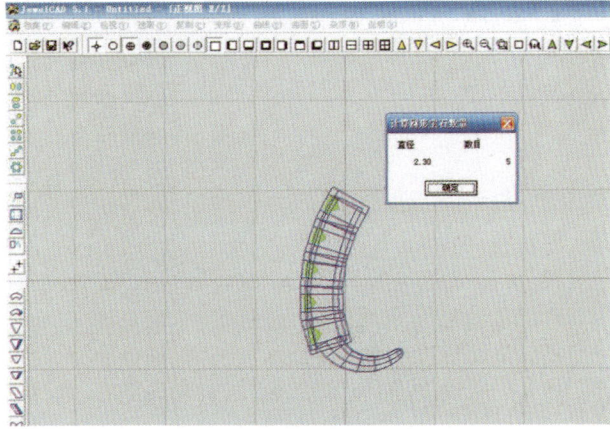

图 6-33 圆形宝石的数量

89

03 JewelCAD 首饰设计实例

PART

学习建议

在前面的两个部分中，我们学习了珠宝首饰设计的基础知识以及 JewelCAD 基础操作方法，本章将主要运用基本的操作技巧和资料库中的首饰部件来设计与制作首饰。

重点案例

JewelCAD 操作命令实例

首饰建模综合实例

学习目标

- 熟练掌握复制、变形、曲线、曲面的操作方法与技巧
- 学习该章节后可以自行设计简单时尚的戒指和首饰

CHAPTER 07 JewelCAD 的操作命令实例

本章学习时间
共100分钟，其中40分钟学习简单戒指的设计方法与设计思路，其余60分钟深入了解和学习复杂戒指的设计方法。

本章学习要点
1. 掌握首饰设计的基本方法
2. 熟练掌握复制、变形、曲线、曲面的操作方法与技巧
3. 练习戒指的设计方法和制作方法

7.1 "复制"实例

"复制"命令是首饰设计中常用的命令，在戒指的制作中起到重要的作用，本实例主要用到"复制"命令。

设计主旨
戒指是人们日常生活中佩戴最多的首饰之一，年轻人和新婚夫妻佩戴更多。下面介绍的范例主要运用"资料库B"中的首饰部件，以及"复制"命令来完成戒指的制作。

设计构思创作
该范例主要是运用对称的设计方式，使戒指看起来更美观大方，范例1设计的戒指主要适合在宴会场合佩戴；范例2设计的戒指适合在日常生活中佩戴；范例3设计的戒指则适合在特定的节日佩戴。

范例步骤 戒指1设计

01 打开JewelCAD软件，把视图调整为四视图（上视图、正视图、右视图、立体图）。选择"档案 > 系统设定 > 颜色"菜单命令，调整视图中的背景颜色、轴线颜色以及网格颜色。

02 单击上视图，选择"档案 > 资料库B"菜单命令，选择"资料库B"中Rings1的012首饰部件（软件自带），如图7-1所示，并锁定该戒指圈。

图7-1 戒指1普通线图

03 选择"档案 > 资料库B"菜单命令，选择"资料库"B的Parts1中球型部件（软件自带），利用"缩小"与"移动"按钮使球型部件位于戒指上方的左端，单击"左右复制"按钮，复制出两个球体，复制完毕后锁定该球体，如图7-2所示。

调整位置的重要性

制作此款女戒时，戒指上方的球体在复制成功后，一定要在正视图的位置选择"移动"工具调整到合适的位置。

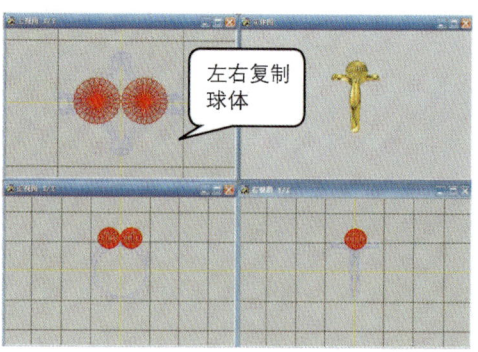

图 7-2 左右复制球体

04 调整好球体的位置后，选择"档案 > 资料库 B"菜单命令，选择 Settings 中的水滴型宝石（软件自带），并使用"缩小"与"移动"按钮，将宝石放置于戒指上方的中间部位，利用"上下复制"按钮，复制出两颗宝石，如图 7-3 所示，完成戒指的制作过程。

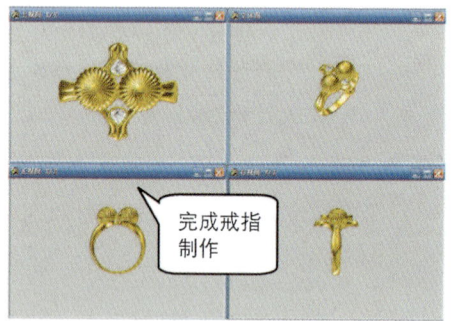

图 7-3 戒指完成效果图

移动的重要性

在用"上下复制"按钮复制宝石时，一定要在正视图中将宝石的位置移动到台面上。

 范例步骤 戒指 2 设计

01 把操作视图调整为四视图（上视图、正视图、右视图、立体图），选择"档案 > 资料库 B"菜单命令，选择 Rings1 中 014 戒指圈（软件自带），如图 7-4 所示，并锁定该戒圈。

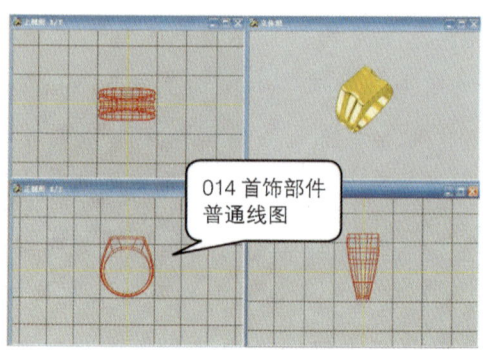

图 7-4 戒指 2 普通线图

02 选择"档案 > 资料库 B"菜单命令，打开 Parts1 中 Leaf1 首饰部件（软件自带），使用"缩小"与"移动"按钮将 Leaf1 首饰部件放置于戒指上方的中间部位，如图 7-5 所示，单击"环形复制"按钮，环形复制出 8 个首饰部件，如图 7-6 所示。

图 7-5 调整位置

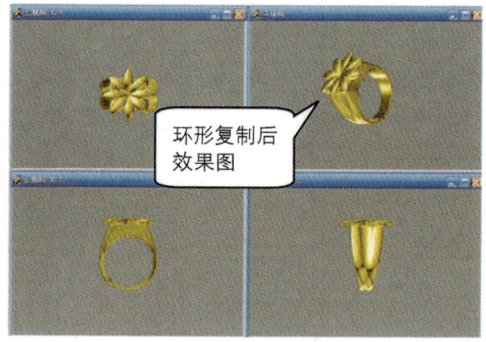

图 7-6 戒指完成效果图

环形复制小技巧

在使用"环形复制"按钮时，应把被复制的物体的位置调准，以免复制完毕后还需要逐一调整位置。

范例步骤 戒指 3 设计

① 把操作视图调整为四视图（上视图、正视图、右视图、立体图），选择"档案 > 资料库 B"菜单命令,选择 Parts1 中 X08 首饰部件（软件自带），如图 7-7 所示，调整该部件大小，锁定该部件。

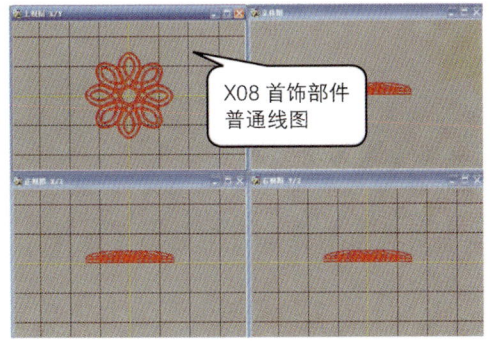

图 7-7 戒指 3 普通线图

② 选择"档案 > 资料库 B"菜单命令，打开 Setting 中橄榄形宝石部件（软件自带），使用"缩小"与"移动"按钮调整宝石在图中的位置，如图 7-8 所示。

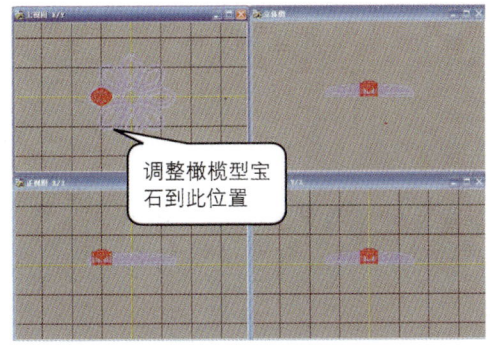

图 7-8 调整位置

 宝石与首饰部件位置的重要性

一定要调准宝石与首饰物件缝隙，如果宝石过小，可以适当进行调整。

③ 单击"环形复制"按钮，环形复制 8 个橄榄形宝石，在正视图中调整宝石的位置，如图 7-9 所示。

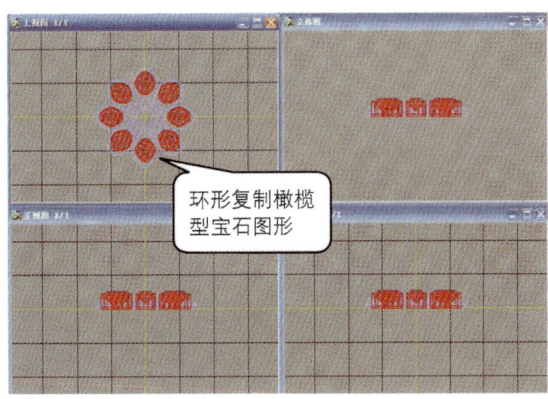

图 7-9 环形复制橄榄型宝石

 "环形复制"的使用技巧

在使用"环形复制"按钮时，如使用的是试用版软件，一定记得先存储文件，以免出现死机的情况。

④ 选择"档案 > 资料库 B"菜单命令，打开 Rings1 中的 003C 首饰部件（软件自带），在正视图中调整戒圈的位置，该戒指即制作完成，渲染效果图如图 7-10 所示。

图 7-10 戒指完成效果图

7.2 "变形"实例

"变形"命令可对首饰设计外形以及内部结构进行变形处理。

设计主旨

下面主要设计几款简单时尚的戒指,适用于年轻人的佩戴,主要需要用到"资料库B"中的首饰部件,以及"变形"命令来完成戒指的制作。

设计构思创作

在设计戒指的过程中,主要考虑使用和佩戴方式符合人体工学的原理,使佩戴者佩戴起来舒适,在设计中采用夸张与协调的设计方式进行设计。

"变形"工具的主要作用

"变形"工具主要用于对首饰部件的外形进行变形处理,使造型更多样化,更具设计感。

范例步骤 戒指1设计

01 把操作视窗调整为四视窗(上视图、正视图、右视图、立体图),选择"档案>资料库B"菜单命令,选择Parts1中的Leaf1首饰部件(软件自带),如图7-11所示。

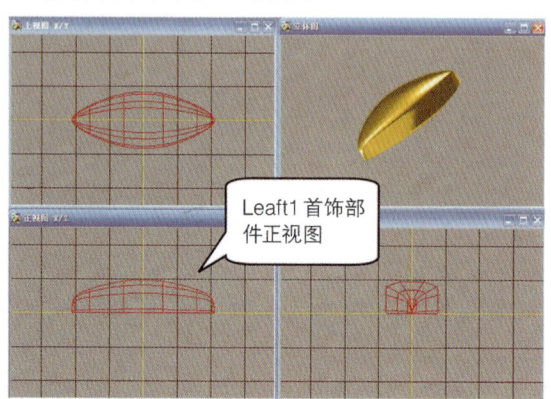

图7-11 Leaft1首饰部件普通线图

02 选择"变形>弯曲"命令,使该部件呈弯曲状,如图7-12所示。

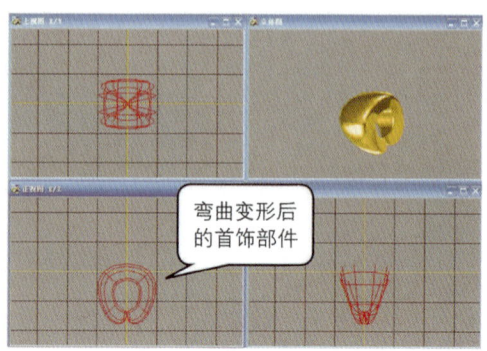

图7-12 弯曲变形后的首饰部件

03 单击"反转"命令,反转该部件,如图7-13所示。

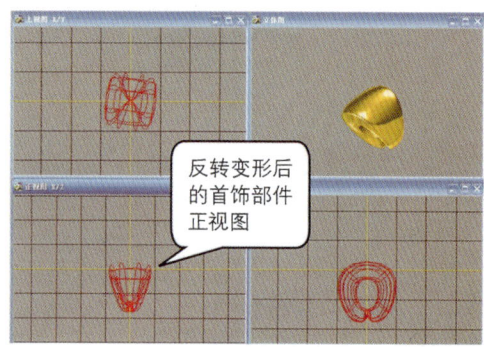

图7-13 反转后的首饰部件

04 选择"复制>环形复制"命令,环形复制6个反转后的首饰部件,如图7-14所示。

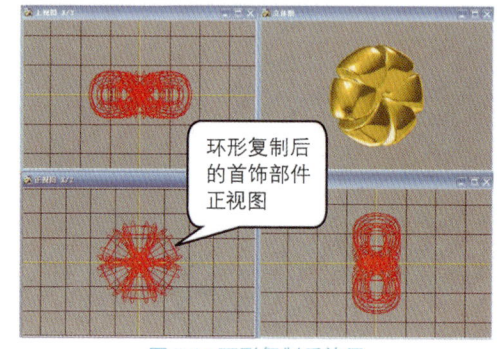

图7-14 环形复制后效果

05 选择"档案>资料库B"菜单命令,选择Rings1"中的003戒指圈部件(软件自带),调整该戒指圈,渲染效果图如图7-15所示。

图 7-15 戒指渲染效果图

渲染效果图注意事项

渲染最后光影图时,可在立体图中将戒指调至合适的空间位置,再进行存储,以方便使用其他的软件进行后期处理。

范例步骤 戒指 2 设计

① 把操作视图调整为四视图(上视图、正视图、右视图、立体图),选择"档案>资料库 B"菜单命令,选择 Parts1 中的 L00002 首饰部件(软件自带),如图 7-16 所示。

图 7-16 首饰部件普通线图

② 选择"复制>上下左右复制"命令,上下左右复制出 4 个 L00002 首饰部件,如图 7-17 所示。

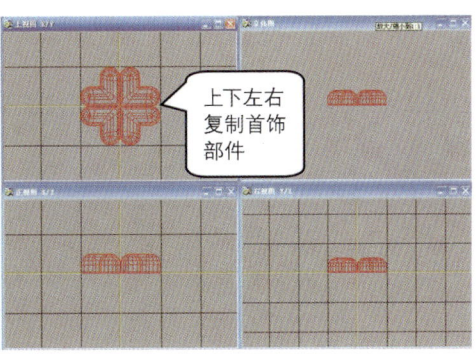

图 7-17 上下左右复制首饰部件

"上下左右复制"命令的注意事项

在选择"上下左右复制"时应该在上视图中对首饰部件进行编辑操作。

③ 选择"变形>漩涡变形"命令,如图 7-18 所示。

图 7-18 漩涡变形后的首饰部件

④ 在执行漩涡变形操作后,选择正视图,选择"变形>弯曲变形"命令,将首饰部件同时向下弯曲,选择"档案>资料库 B"菜单,选择 Settings 中的圆钻形宝石,如图 7-19 所示。

图 7-19 弯曲变形后首饰部件

弯曲变形的注意事项

在弯曲变形的过程中，弯曲度不要太大，为了能和戒圈更好地贴合，弯曲适中即可。

05 选择"档案>资料库B"菜单命令，选择Rings1中的022首饰部件（软件自带），调整戒圈与首饰部件相契合的位置，渲染成光影图并存储，如图7-20所示。

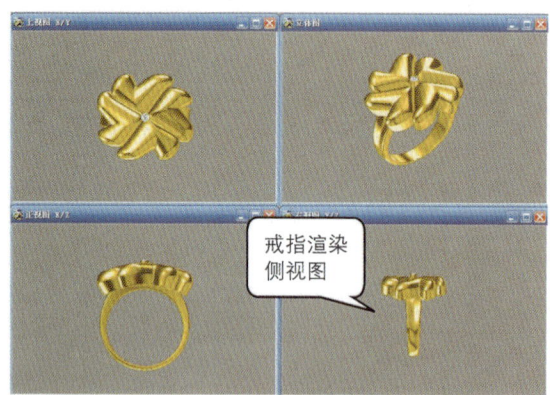

图 7-20 戒指渲染效果图

戒指3设计

01 把操作视窗调整为四视窗（上视图、正视图、右视图、立体图），选择"档案>资料库B"菜单命令，选择Parts1中的Coil首饰部件（软件自带），如图7-21所示。

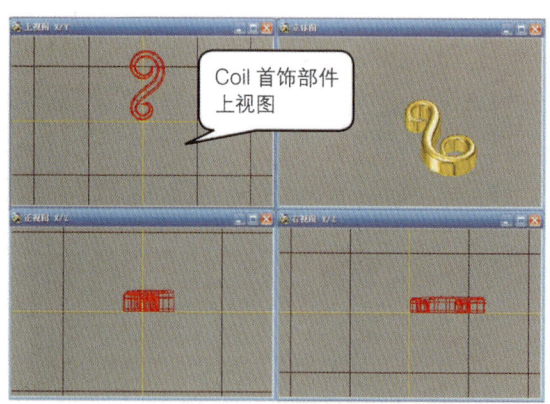

图 7-21 Coil 首饰部件

02 选择"档案>资料库B"菜单命令，选择Parts1中的RIPPLEA首饰部件（软件自带），将球体放置于图中所示的位置，如图7-22所示。

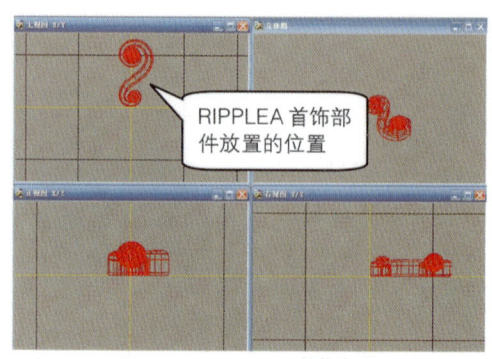

图 7-22 RIPPLEA 首饰部件

03 调整首饰部件与球体的位置后，选择"复制>环形复制"命令，将其沿顺时针方向环形复制出8个首饰部件，选择"变形>漩涡"变形命令，如图7-23所示。

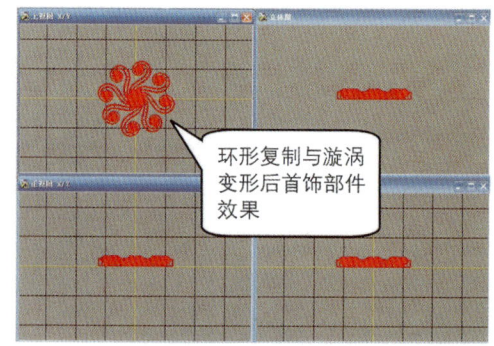

图 7-23 环形复制与漩涡变形后的效果

"环形复制"的参数

在使用"环形复制"命令时，在"环形复制"对话框中设置数目为8、角度为45°、全方位复制，即可得到上图中的结果。

04 选择"档案>资料库B"菜单命令，选择Rings1中的003A首饰部件（软件自带），渲染成最终光影图，如图7-24所示。

图 7-24 戒指渲染光影效果图

7.3 "曲线"实例

"曲线"命令是首饰设计中常用的命令,也是首饰建模中惟一的外形建模工具。

设计主旨

"曲线"命令主要用于设计吊坠,吊坠是吊挂在项链和项圈上可晃动的饰物,佩戴起来随着人体动作灵活起伏,下面介绍的范例主要是运用"曲线"命令和资料库 B 中的首饰部件,以及曲面线映射命令完成吊坠的制作。

设计构思创作

在设计吊坠的过程中,要考虑到特殊的场合佩戴的吊坠应该满足特殊的结构要求,本范例中的设计风格主要是贴近在日常生活中佩戴,显得简单、大方、得体。

"映射"命令与曲线的关系

在本实例中,主要运用"映射"命令来完成制作,读者需要掌握曲线的绘制技巧。

范例步骤 吊坠设计

① 把操作视窗调整为四视窗(上视图、正视图、右视图、立体图),单击"上视图"视窗,选择"曲线 > 任意曲线"命令,绘制一条曲线,选择"档案 > 资料库 B"菜单命令,选择中 Parts1 中的 Leaf1 首饰部件,如图 7-25 所示。

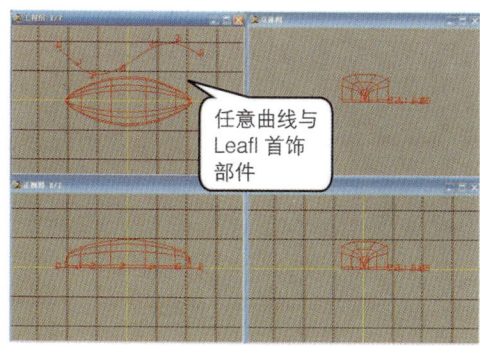

图 7-25 绘制任意曲线

② 选择"变形 > 曲面/线映射"命令,选择"曲面/线映射"对话框中的"映射在单一曲线或曲面上"命令,再单击曲线,如图 7-26 所示。

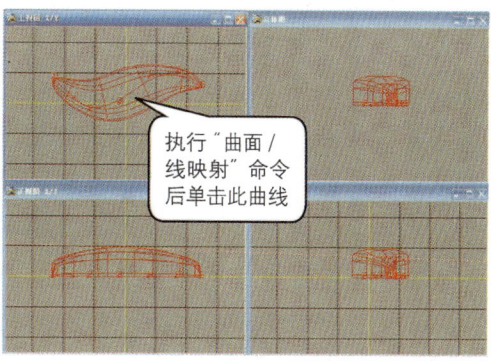

图 7-26 执行"曲面/线映射"命令

③ 调整变形后的图形,执行"复制 > 直线复制"命令,直线复制出 3 个执行"曲面/线映射"命令后的首饰部件,如图 7-27 所示。

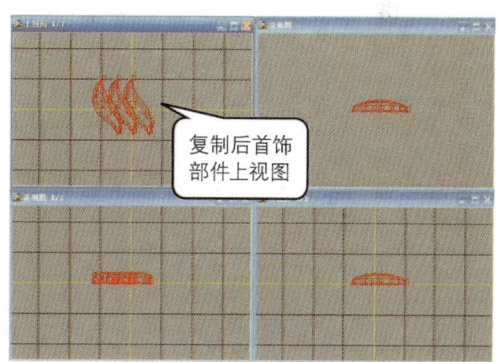

图 7-27 复制后普通线图

④ 选择"检视 > 光影图"命令,渲染出效果图,如图 7-28 所示。

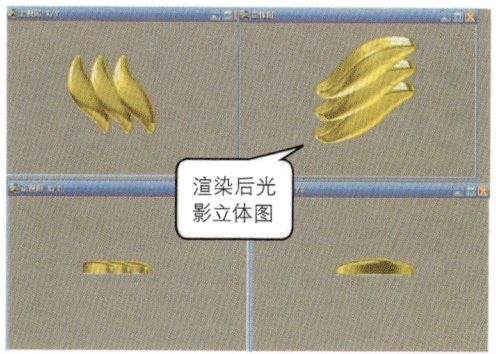

图 7-28 渲染光影图

7.4 "曲面"实例

"曲面"命令是"曲线"命令的延伸,是将其曲线变为曲面的工具。

设计主旨
在设计项链的过程中,会遇到较多的珠、节、金属环连接而成的链状饰物,下面介绍的范例需要用到曲线绘制命令和资料库 B 中的首饰部件,以及导轨曲面等命令完成项链的制作。
设计构思创作
本范例以"心形"为原型进行设计,再添加"叶子"型的首饰部件完成吊坠部分的设计,使整个首饰看起来生动、活泼,具有流动感。

范例步骤　项链设计

01 把操作视图调整为四视图(上视图、正视图、右视图、立体图),单击"上视图"视图,选择"曲线 > 任意曲线"命令,绘制一条心形曲线,选择"曲线 > 封口曲线"命令,使心形曲线封口,如图 7-29 所示。

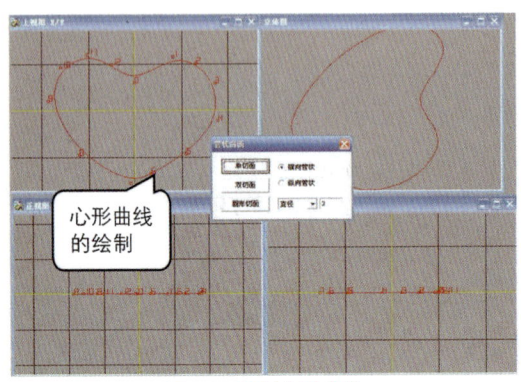

图 7-29 绘制心形曲线

绘制曲线时注意事项

在绘制心形曲线时,一定要调整好心形曲线的外轮廓线,保证心形曲线的美观,绘制曲线后,也可利用"修改"命令进行修改。

02 心形曲线封口后,选择"曲面 > 管状曲面"命令,选择"管状曲面"对话框中的"圆形切面"与"横向管状"选项,设置"直径"为 2,如图 7-30 所示。

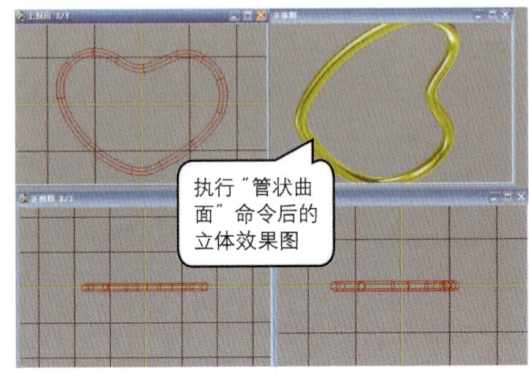

图 7-30 执行"管状曲面"命令

03 选择"档案 > 资料库 B"菜单命令,选择 Parts1 中 S01 首饰部件(软件自带),调整其位置,选择"复制 > 直线复制"命令,复制出 4 个首饰部件,选择 Settings 中的圆钻型宝石进行镶嵌,渲染出效果图,如图 7-31 所示。

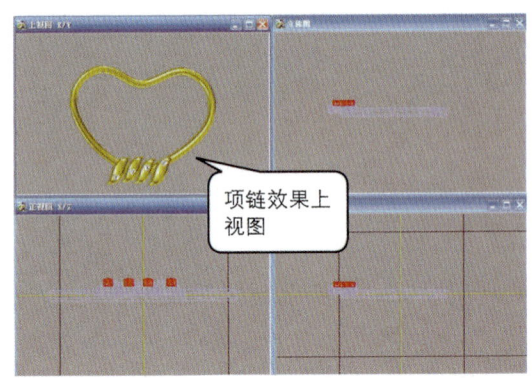

图 7-31 项链效果图

渲染后所存文档格式说明

最后渲染成光影图后,可以另存为 BMP 格式文件,导入 Photoshop 中进行调整。

CHAPTER 08 JewelCAD 首饰建模综合实例

本章学习时间

共120分钟，其中40分钟学习镶口与戒指的设计建模，其余80分钟学习吊坠与套件首饰设计建模。

本章学习要点

1. 掌握首饰设计的建模方式
2. 熟练掌握建模中曲线的绘制、调整方法与技巧
3. 自己设计一套首饰

8.1 镶口的设计建模

在首饰制作工艺中，首饰分为素金类和宝石镶嵌类两大类，在宝石镶嵌类中，爪镶是非常重要的一种镶嵌方式，它包含两爪镶、三爪镶、四爪镶、六爪镶等方式。在这么多的镶嵌方式中，最常用的就是三爪镶，在一些结婚戒指的设计中常常采用这种方式。

8.1.1 三爪镶戒指的设计构思

在一般的戒指设计中，主要以结婚戒指为主，欧洲国家通常喜欢比较复杂且具有设计感的款式，而在亚洲，例如中国大多数结婚的年轻人喜欢简单而且时尚的戒指，通常是一颗主石与简单的戒圈进行搭配，下面我们设计一款适合时下年轻人品味的戒指。

8.1.2 三爪镶戒指的设计步骤

镶口的制作

01 在开始设计时必须先有一个简单的设计草图，大致勾勒出我们想要设计的戒指图形，选择"杂项 > 宝石"菜单命令，选择需要的宝石图形（软件自带），如图8-1所示。

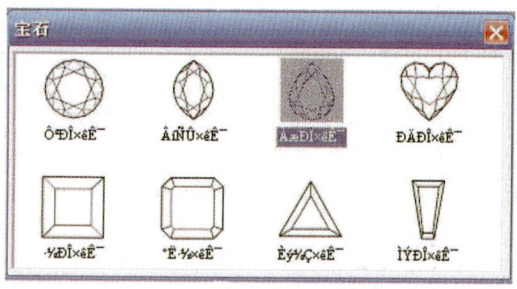

图8-1 "宝石"对话框

"宝石"对话框中的宝石

在"宝石"对话框中包含了圆形钻石、马眼钻石、梨形钻石、心形钻石、方形钻石、八方钻石、三角钻石以及梯形钻石，设计者可以根据设计的需要，调配钻石原图。

02 在视窗中出现了梨形宝石，如图8-2所示，选择"曲线 > 任意曲线"命令，围绕宝石绘制曲线作为导轨，并使用"封口曲线"命令将曲线封口，如图8-3所示。

图 8-2 梨形宝石

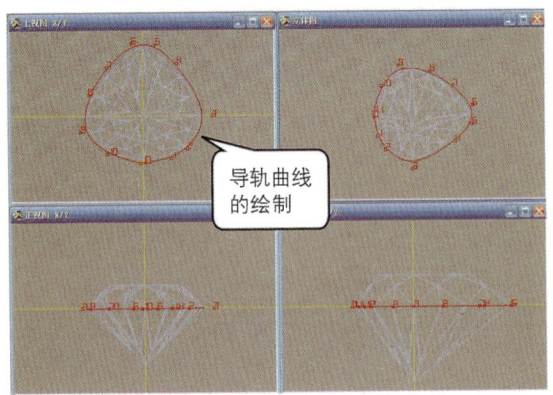

图 8-3 绘制导轨曲线

绘制任意曲线注意事项

在绘制任意曲线时，如果绘制出现错误，可以选择"曲线"菜单中的"修改"命令进行调整。

03 选择"曲线 > 任意曲线"命令，绘制另外一条导轨曲线，并选择"封口曲线"命令将其封口，如图 8-4 所示。

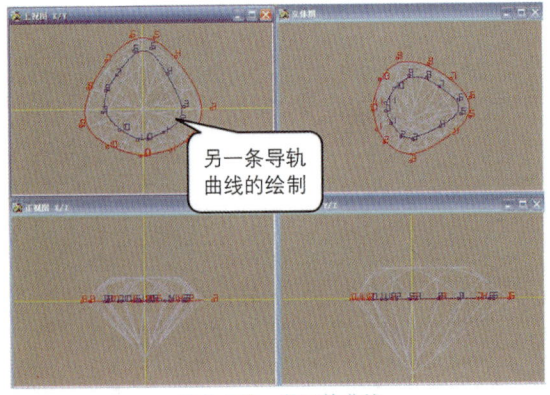

图 8-4 另一条导轨曲线

CV 节点的重要性

在绘制另外一条曲线时，特别要注意的是，与之前绘制的曲线 CV 节点数一定要相同，而且要节点对节点，以免后面进行曲面导轨时，CV 节点数值不符合，造成导轨不成功。

04 在绘制完成两条任意曲线后，我们还需要绘制一条切面曲线，并用"封口曲线"命令进行封口，如图 8-5 所示。

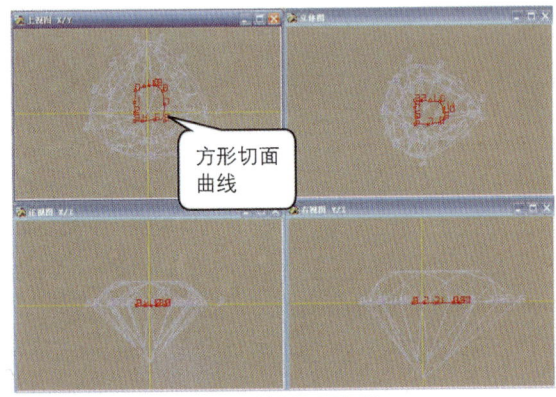

图 8-5 绘制切面曲线

05 绘制完成三条曲线后，选择"曲面 > 导轨曲面"命令，弹出对话框，选择"双导轨"区域中"不合比例"以及"切面"区域中的"单切面"单选按钮，如图 8-6 所示。

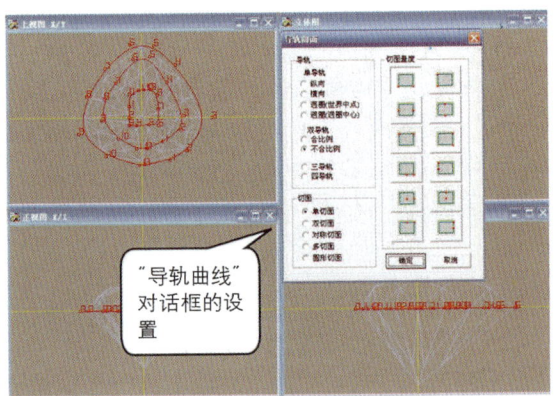

图 8-6 设置导轨曲面

06 设置完成导轨曲面后，依次点选刚绘制的两条任意曲线，最后点选切面轮廓线，如图 8-7 所示。

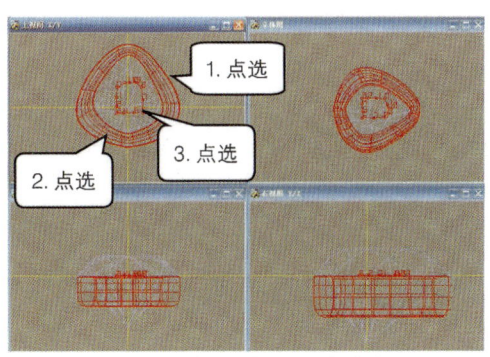

图 8-7 点选导轨曲线及切面曲线

单击顺序要注意

在依次点选导轨曲线和切面曲线时，一定要按照绘制的顺序点选，否则"导轨曲面"命令将不成功，上一步中所提到的 CV 节点数相同也是同样的道理，在练习时要特别注意这两个环节。

07 在完成导轨曲面后，删除图中的切面曲线。切换到正视图，单击"尺寸"工具，按住鼠标右键向下拖动，将镶口拉长一些，再用"移动"工具将镶口移动到腰部以下，使宝石和镶口能够很好地契合在一起，最后利用"梯形化"工具使镶口下部变窄，如图 8-8 所示。

图 8-8 调整镶口

使镶口变窄的小技巧

拖动鼠标使镶口变窄时，也可以将 CV 节点适当上下移动，调整镶口的高度，镶口可以稍微高一点，最后隐藏其 CV 节点。

戒指爪的制作

08 在视图中绘制一个圆作为辅助的尺寸参考，接着绘制爪的轮廓线，如图 8-9 所示。

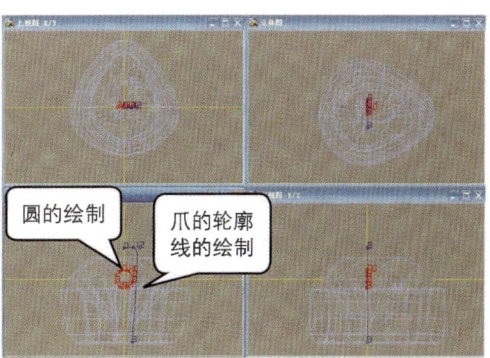

图 8-9 绘制爪的轮廓线

09 绘制好辅助线和轮廓线后，选择"曲面 > 纵向环形对称曲面"命令，将轮廓曲线变成爪，如图 8-10 所示。

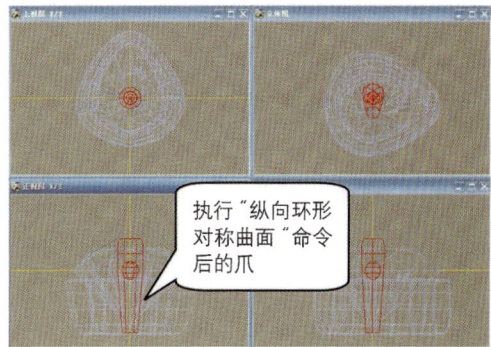

图 8-10 制作爪

绘制曲线注意要点

曲线的外形直接影响到爪的外形，在绘制时一定要让曲线垂直。

10 制作完成爪后，删除圆形辅助线，将爪移动到镶口的边缘，使用"旋转"工具将爪移动到合适的位置，如图 8-11 所示。

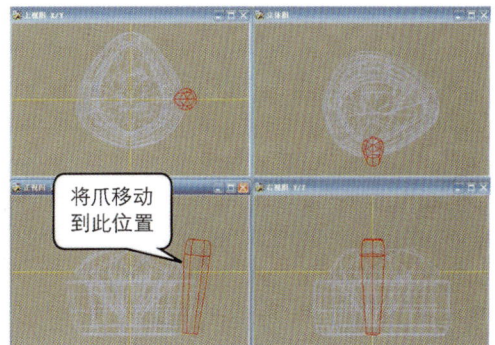

图 8-11 调整爪的位置

⑪ 调整爪的位置后,选择"复制 > 环形复制"命令,环形复制出 3 个爪,如图 8-12 所示。

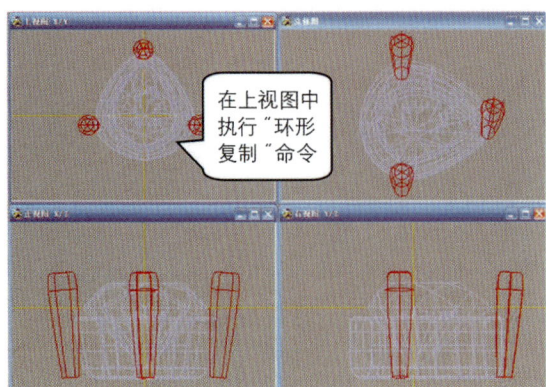

图 8-12 环形复制爪

戒指圈的制作

⑫ 在正视图中分别绘制两个圆,这两条曲线作为导轨曲线,分别是戒指的外轮廓线和内轮廓线,最后调整镶口与戒指圈的位置,如图 8-13 所示。

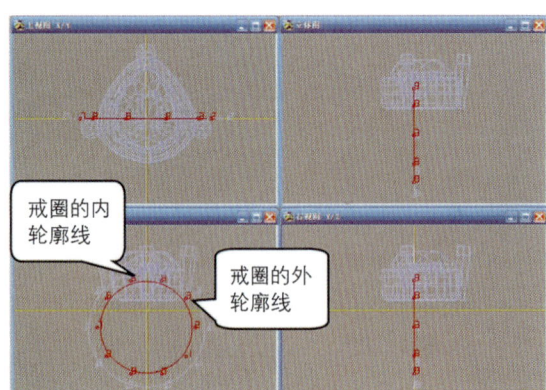

图 8-13 绘制戒指圈

戒圈的大小

在绘制戒圈时,绘制直径为 25 与 17 的圆形曲线,CV 节点数均为 8。

⑬ 绘制完导轨曲线后,切换到右视图,将内圈导轨向右移动到合适的位置,选择"复制 > 左右复制"命令,复制出另外一条曲线,如图 8-14 所示。

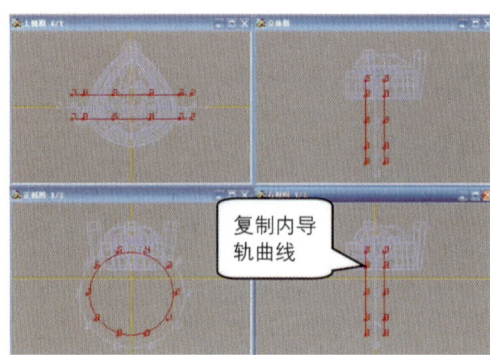

图 8-14 复制内圈导轨曲线

移动的位置

在移动内圈的位置时,一定要掌握得当,一般移动 1.1mm。

⑭ 复制内圈导轨曲线后,我们还需要绘制一个导轨切面曲线,选择"曲面 > 导轨曲面"命令,选择对话框中"三导轨"和"单切面"单选按钮,最后单击"确定"按钮。依次点选绘制的曲线,最后点选切面曲线,戒指圈即生成,如图 8-15 所示,最后调整戒指圈与宝石的位置,如图 8-16 所示。

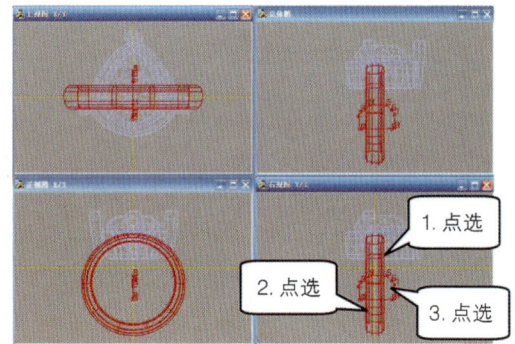

图 8-15 生成戒圈

图 8-16 戒指完成效果图

8.2 戒指的设计建模

戒指有各种各样的品种，可以按照性别、造型特征、镶宝情况、制作材料和用途等条件来进行分类。我们日常生活中见到最多的则是按佩戴人的性别来分类的，男用戒指和女用戒指，下面我们就来介绍简单的女用戒指和男用戒指的设计方法。

8.2.1 光圈女戒的设计构思

在款式的设计上，女用戒指为了适应女性手指比较纤细和白皙的特点，戒圈一般来说都比较窄小，在设计上注重色彩和造型的变化，圆弧为主要的造型选择，下面我们将设计一款光圈女戒。

8.2.2 光圈女戒的设计步骤

戒指 1

01 在正视图中分别绘制直径为 20 和 16、CV 节点数均为 8 的圆形曲线作为戒圈的内轮廓和外轮廓，如图 8-17 所示。

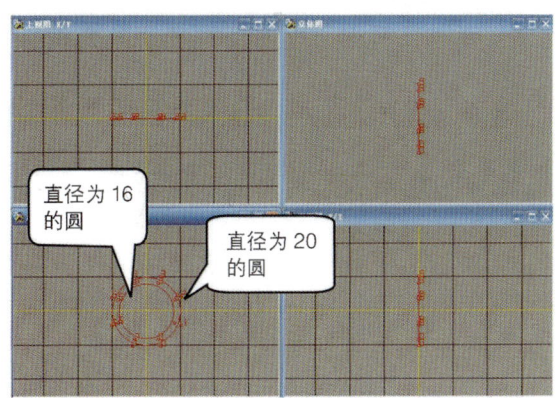

图 8-17 绘制女戒曲线

绘制圆注意事项

在绘制戒圈的内轮廓和外轮廓时需要在正视图中绘制。

02 将视图切换到右视图中，将直径为 16 的戒指圈向右移动少许，作为戒指的宽度，然后将该戒圈左右对称复制，如图 8-18 所示。

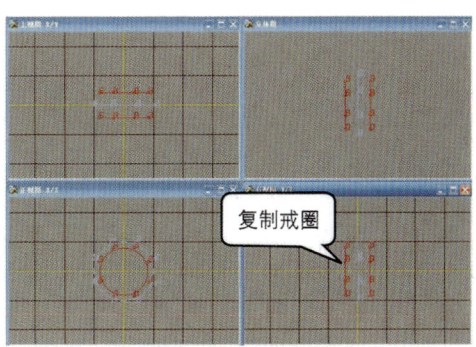

图 8-18 对称复制女戒

03 在右视图中，绘制一条切面曲线，将曲线封口，如图 8-19 所示。

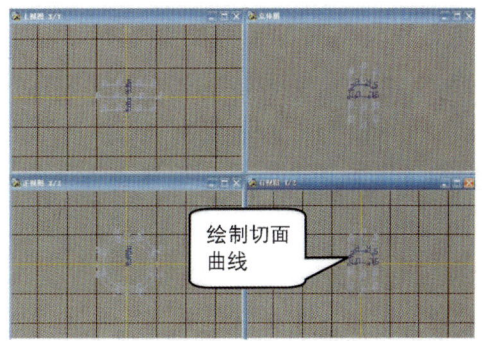

图 8-19 绘制切面曲线

绘制曲线注意事项

在右视图中绘制曲面曲线时，左右两边一定要对称，否则出现的戒圈会不规整。

04 绘制完成切面曲线后，选择"曲面 > 导轨曲面"命令，选择"三导轨"和"单切面"单选按钮，单击"确定"按钮，如图 8-20 所示。

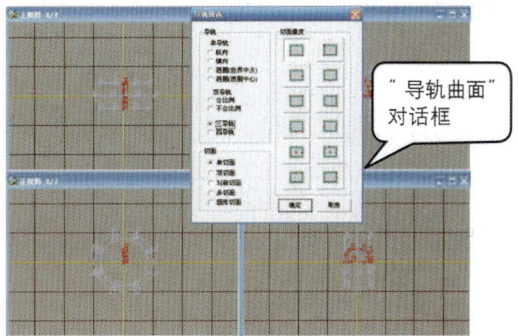

图 8-20 导轨曲面设置

05 导轨曲面设置完成后,在视图中按照左、右、中的顺序依次点选导轨曲线,如图 8-21 所示。

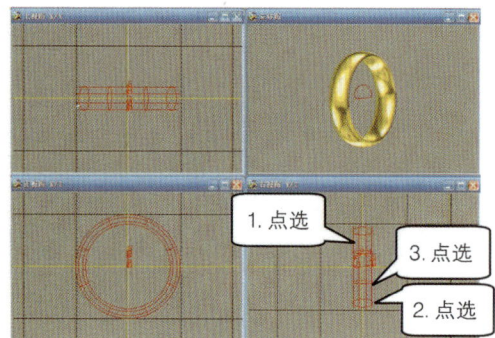

图 8-21 导轨曲面完成图

 删除切面曲线

在导轨曲面完成后,选择切面曲线,按 Delete 键将其删除。

06 选择"曲线 > 任意曲线"命令,在正视图中戒圈的上方位置绘制一个切面曲线,将其封口,如图 8-22 所示。

图 8-22 绘制任意曲线

07 选择绘制好的任意曲线,选择"直线 > 延伸曲面"命令,将其延伸成曲面,使用"尺寸"工具设置大小,如图 8-23 所示。

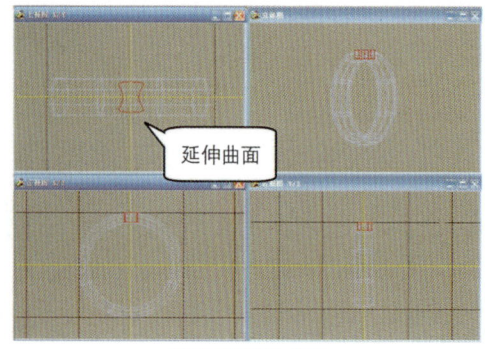

图 8-23 延伸曲面

 "尺寸"工具小技巧

在设计曲面的大小时,选择"尺寸"工具后,可按住鼠标右键,使曲面变长或者变宽。

08 对完成的延伸曲面使用"环形复制"工具复制出 8 个曲面,如图 8-24 所示。

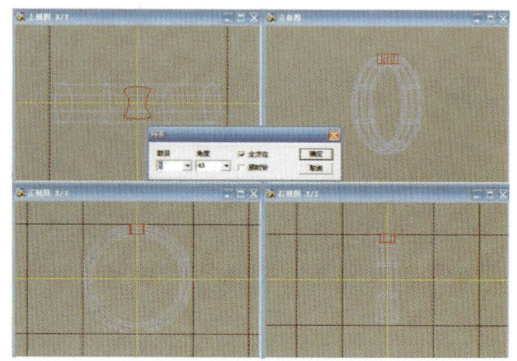

图 8-24 环形复制

09 单击"环形复制"工具,在弹出对话框中设置参数,如图 8-25 所示,结果如图 8-26 所示。

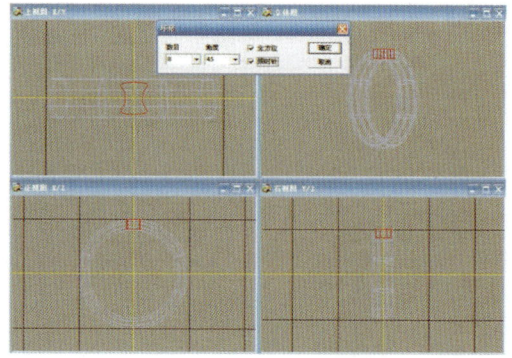

图 8-25 "环形复制"对话框

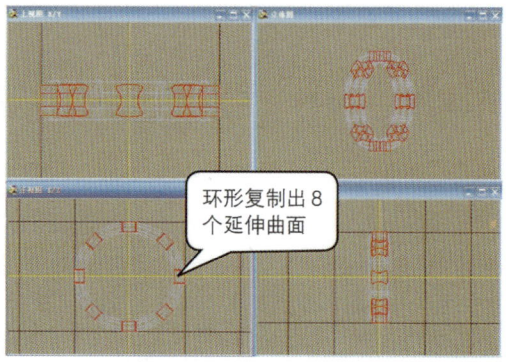

图 8-26 环形复制后效果

调整位置的重要性

在环形复制之前，应及时调整被复制物件的位置，以免在复制后要逐一调整。

⑩ 选择"杂项 > 布林体"菜单命令，选择"相减"子命令，用环形复制曲面减去戒指圈，渲染后效果如图 8-27 所示。

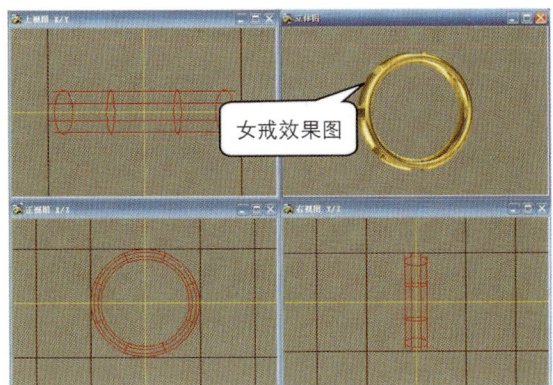

图 8-27 女戒效果图

"相减"命令的使用

在使用"相减"命令时，用夹层物减去戒指圈，特别要注意的是，顺序不要弄反了。

戒指 2

① 开启新的文档，如图 8-28 所示。

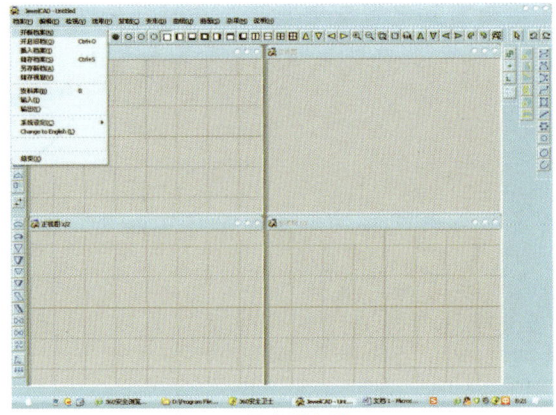

图 8-28 开启新文档

② 制作戒圈曲线，选择"曲线 > 圆形"菜单命令，设置"圆形曲线"对话框中的参数，将 CV 节点设为 6，直径设为 16 与 14 然后单击"确定"

按钮如图 8-29 所示。

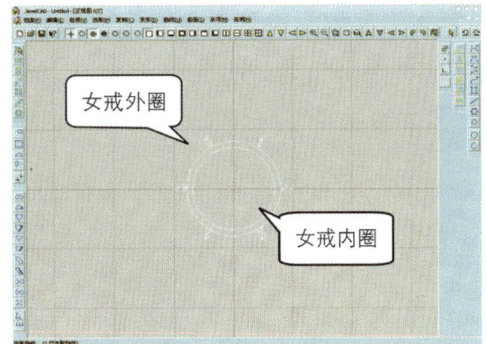

图 8-29 绘制戒圈曲线

女戒戒圈大小

图中以女戒为例，所以戒圈直径为 16，CV 节点数为 6。

③ 选择戒圈外壁曲线作为操作对象，然后选择"右视图"编辑曲线，如图 8-30 所示。

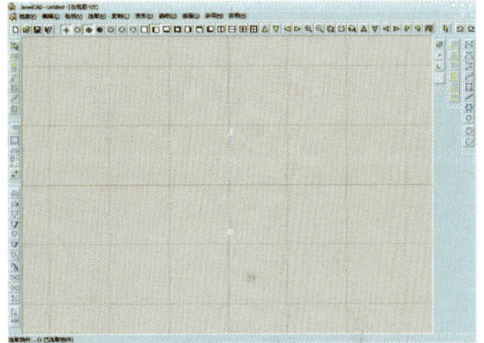

图 8-30 编辑外圈

④ 单击"移动"工具，将外圈移至合适女戒宽度的一半即可，然后选择"左右复制"工具，对移动好的戒圈外壁曲线进行左右对称复制，如图 8-31 所示。

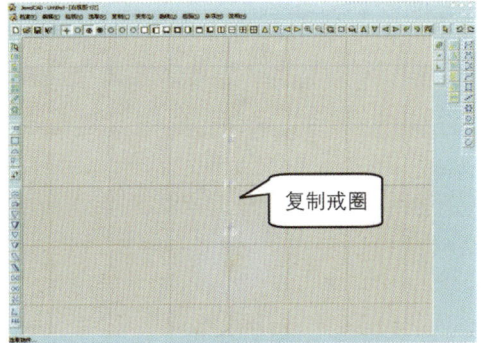

图 8-31 复制戒圈

JewelCAD珠宝设计实用教程

CV节点的重要性

在女戒的建模过程中，切面曲线的CV节点应和戒圈的CV节点完全相同，否则"导轨曲面"命令无法完成。在绘制任意曲线时，节点位置的调整也相当重要，它将直接影响到戒圈的外形，大家在练习时一定要注意这些细节。

05 制作切面曲线，返回"正视图"中。选择"曲线 > 左右对称曲线"命令，绘制戒圈切面曲线，然后将其封口，如图8-32所示。

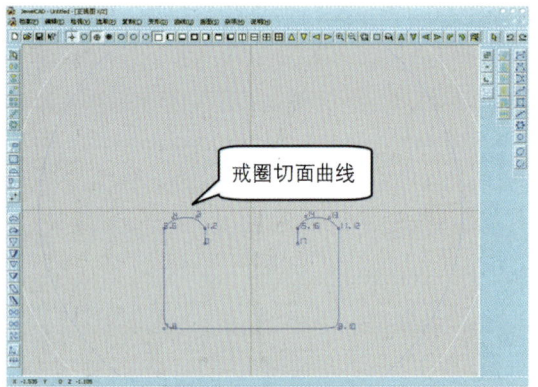

图8-32 戒圈切面

06 对曲线稍作修改后，得到完整、封闭的切面曲线，切面做得越细致，出来的戒指效果越好，如图8-33所示。

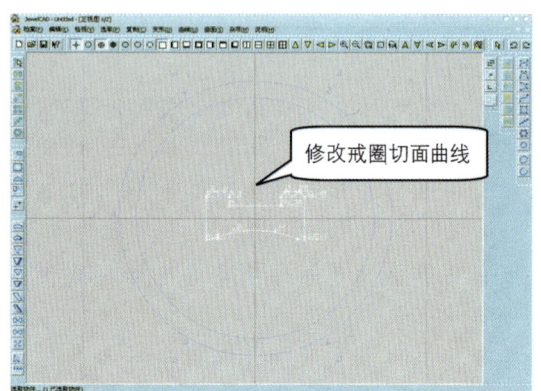

图8-33 调整切面曲线

修改的重要性

在绘制切面曲线时，由于导轨是按照切面曲线进行的，所以曲线修改得越完整、越精细，导轨出的戒圈越漂亮。

07 使用导轨工具，生成女戒。选择"曲面 > 导轨曲面"菜单命令，选择"三导轨"、"单切面"单选按钮，如图8-34所示。

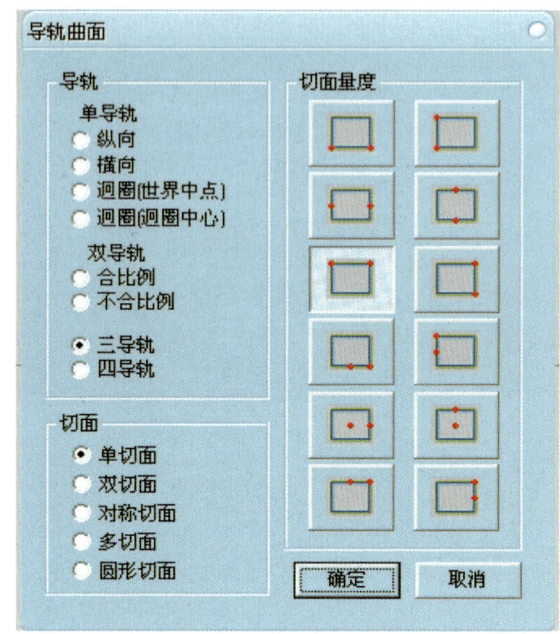

图8-34 "导轨曲面"对话框

08 选择一条曲线作为左边导轨，在右视图中进行选择。将视图调换至"右"或"左"视图，选择一曲线作为右边导轨，直接在视图中选中右边外壁戒圈曲线，如图8-35所示。

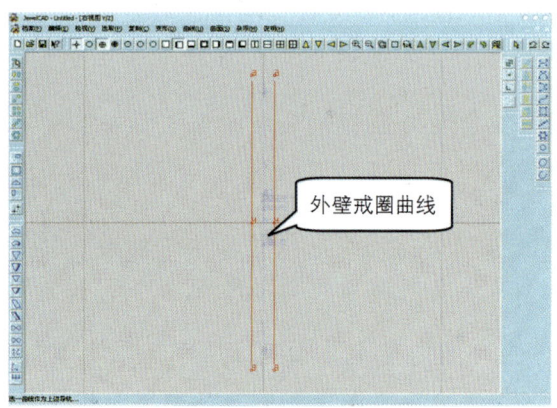

图8-35 外壁戒圈曲线

09 选择一条曲线作为下边导轨。直接在视图中选中中间内壁戒圈曲线，如图8-36所示。

8.2.3 光圈男戒的设计构思

在款式设计上,男用戒指通常比女用戒指简单,男用戒指在设计上离不开直线或角度变化,圆弧为次要造型选择,意在"大方中,求精致",以表达男性阳刚和豪爽的感觉。

8.2.4 光圈男戒的设计步骤

创建基本戒指圈

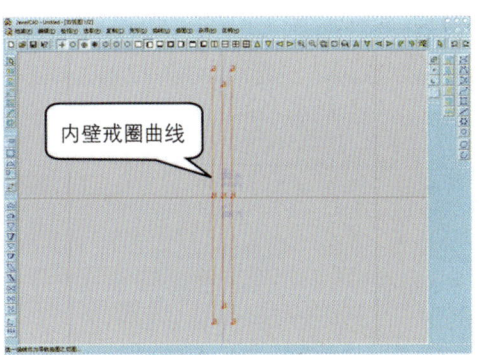

图 8-36 内壁戒圈曲线

⑩ 选择一条曲线作为导轨曲面之切面。这里即是所绘戒圈切面曲线,应在"正视图"中进行相应选择。返回"正视图"进行选择,单击曲面以后,即可得到生成的戒圈,如图 8-37 所示。

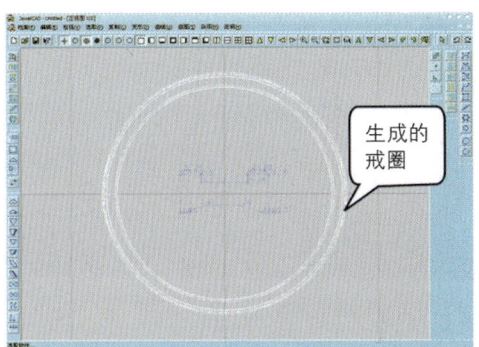

图 8-37 生成戒圈

⑪ 最后选择"检视 > 光影图"菜单命令,渲染成光影图,如图 8-38 所示。

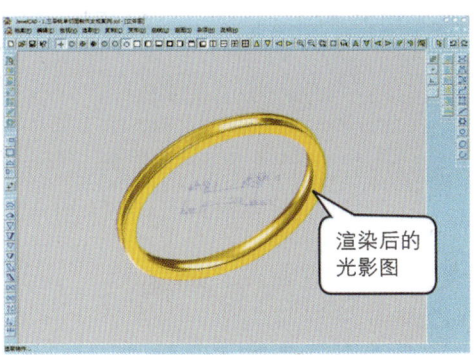

图 8-38 光影图

① 在正视图中分别绘制直径为 25 和 19、控制点数均为 10 的圆形曲线作为戒圈的内轮廓和外轮廓,如图 8-39 所示。

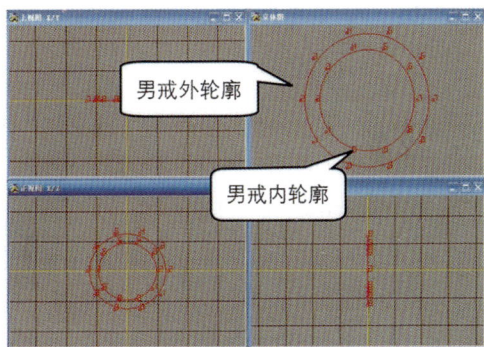

图 8-39 绘制男戒曲线

② 将视图切换到右视图,将直径为 19 的戒指圈向右移动少许,作为戒指的宽度,然后将该戒圈左右对称复制,如图 8-40 所示。

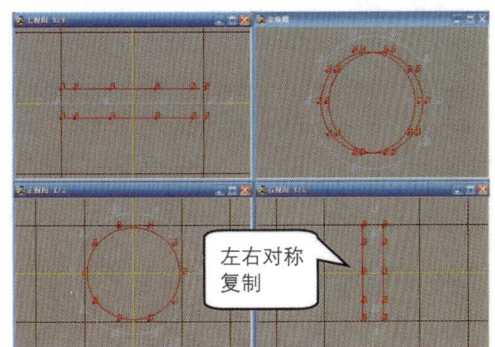

图 8-40 对称复制男戒

03 在右视图中，绘制一条与女戒不同的正方形切面曲线，将曲线封口，如图 8-41 所示。

05 导轨曲面设置完成后，在视图中按照左、右、中的顺序依次点选导轨曲线，如图 8-43 所示。

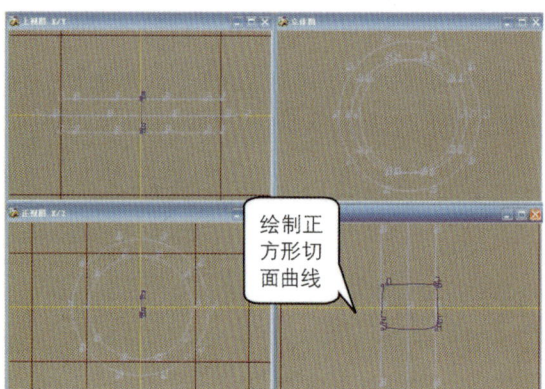

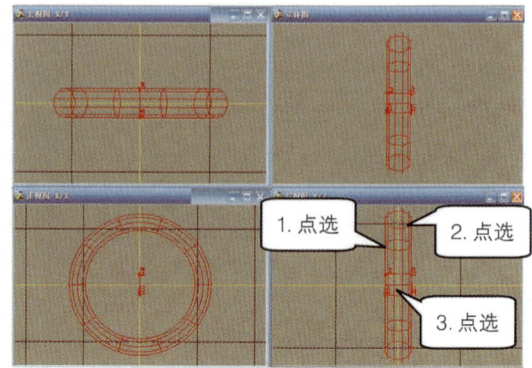

图 8-41 绘制切面曲线

图 8-43 导轨曲面完成图

女戒与男戒曲线的绘制区别

在绘制切面曲线时，女戒要体现出柔美的感觉，所以切面曲线是有弧度的，而男戒要体现阳刚之气，所以切面曲线是方形的。

点选曲线的顺序

在导轨曲面设计完成后，一定要按照顺序点选导轨曲线，否则无法完成导轨曲面的操作。

04 绘制完成切面曲线后，选择"曲面 > 导轨曲面"菜单命令，选择为"三导轨"和"单切面"单选按钮，最后单击"确定"按钮，如图 8-42 所示。

06 完成导轨曲面后，选择"档案 > 资料库 B"菜单命令，选择 Settings 中的公主方形宝石（软件自带），移动到戒圈的正中部位，如图 8-44 所示。

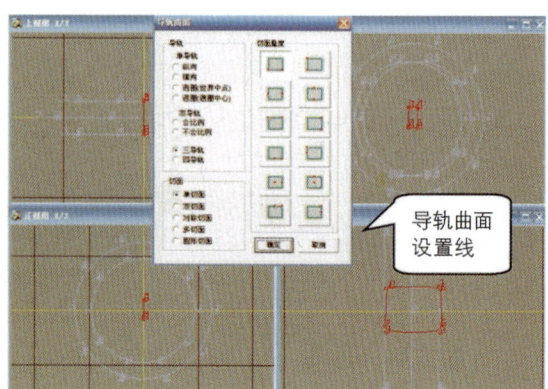

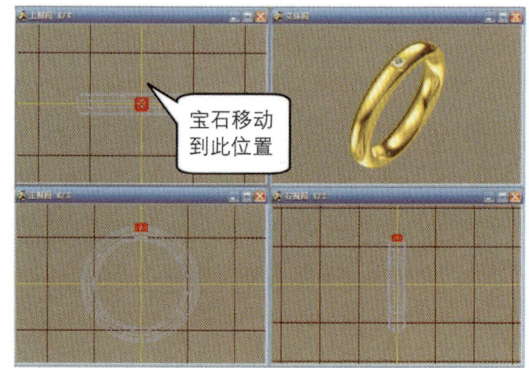

图 8-42 导轨曲面设置

图 8-44 男戒最后效果图

8.3 吊坠的设计建模

吊坠是吊挂在项链和项圈上可晃动的饰物，坠饰佩戴于颈下的胸前，比较容易引来关注的目光，它与项链搭配效果会更好。

8.3.1 心形吊坠的设计构思

在设计上，使用心形图形作为吊坠的主题，加以圆钻型宝石镶嵌，体现出吊坠的柔美线条以及简单时尚的特征。

8.3.2 心形吊坠的设计步骤

心形绘制的方法

在绘制心形图案的曲线时，有时也可以绘制一般心形，通过"左右复制"工具来完成整个心形的绘制。

心形吊坠的建模

 选择"曲线 > 任意曲线"命令，绘制心形图形，绘制完成后将其封口，如图 8-45 所示。

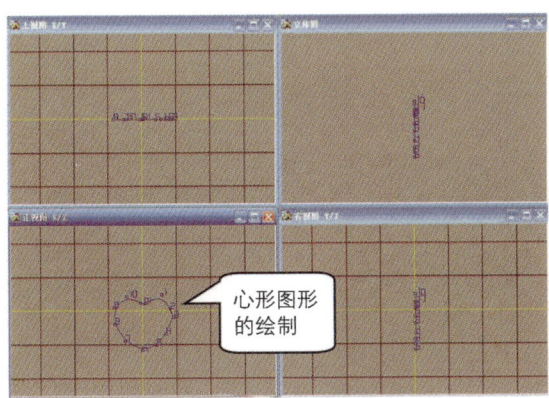

图 8-45 绘制心形任意曲线

修改的必要性

绘制完毕心形曲线后，也可选择"修改"命令对心形曲线进行更加精细的修改，使心形图形看起来更美观。

 选择"曲面 > 管状曲面"命令，选择"圆形切面"单击按钮，设置直径为 2，如图 8-46 所示。

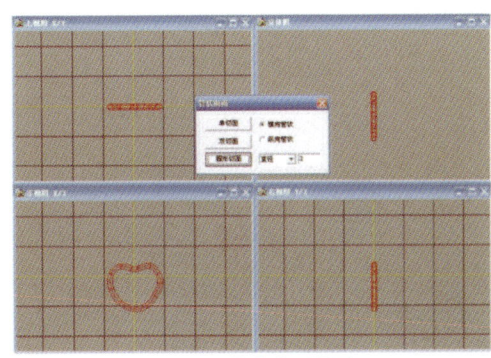

图 8-46 管状曲面视图

数值的含义

"管状曲面"对话框中圆形切面的直径表示心形图形曲线的直径。

 选择"档案 > 资料库 B"菜单命令，选择 Settings 中的圆钻形宝石（软件自带），如图 8-47 所示。

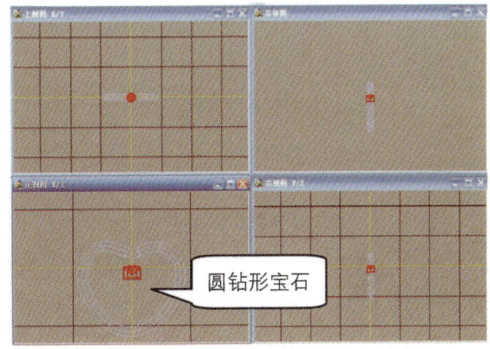

图 8-47 圆钻形宝石

04 使用"尺寸"和"移动"工具，将圆钻形宝石放大和移动到如图 8-48 所示的位置。

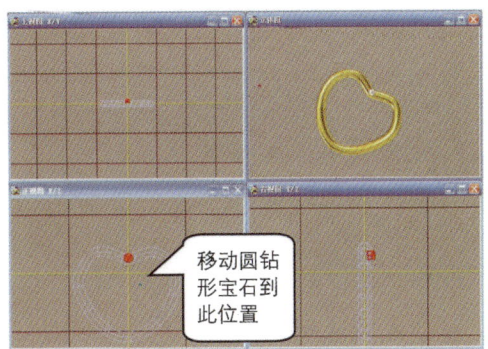

图 8-48 移动宝石

位置的调整

通常在调出宝石后,会直接对戒圈进行编辑,这时我们要特别注意观察宝石在正视图中所处的位置,应及时做出调整。

05 完成心形的制作后,使用"复制"命令复制出另外一个心形,将其缩小后调整位置,如图 8-49 所示。

06 最后选择"档案 > 资料库 B"菜单命令,选择 Parts 中瓜子扣首饰部件(软件自带),移动到圆环中央,如图 8-50 所示。

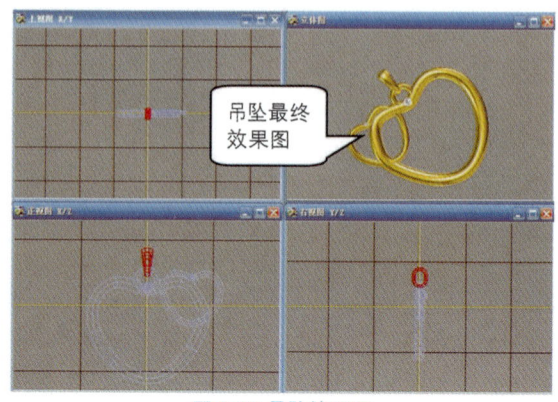

图 8-50 吊坠效果图

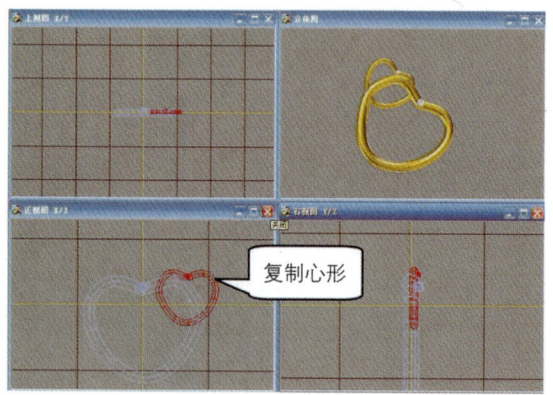

图 8-49 两个心形

8.4 简单套件首饰建模

按首饰的功能,可将首饰分为单件首饰、套件首饰以及系列首饰三类,所谓的套件首饰一般指的是三件套首饰,主要是以项链、戒指、耳饰、胸针等,在设计风格中,套件首饰的每件饰品必然有相同的设计风格、设计元素以及材质,这样才能称得上是套件首饰。

设计草图的重要性

在设计简单套件首饰时,必须先手绘出草图,每一款单件的首饰必须要有相同的材质或者相同的设计元素。

8.4.1 设计主题构思

灵感来源

设计源于生活,就设计而言,思维方法和设计方法无疑是相当重要的,下面我们将介绍一个套件首饰的设计,以心形图案为元素展开设计。从外形上看只是一个心形图案,通过变形以及增加、减少等方法将自然的形象转变为装饰的形象,使其心形的图像更美观。

设计变形

目前市场上的首饰都是大同小异,主要是都采用简单的改款和变款的手法造成的,而这两种方法都是产生新款式的捷径。例如,下面我们将要设计的实例也是通过变款的方法,对心形进行叠加来设计。

设计创作

在设计变形中，我们运用可叠加的方式来进行设计，对心形图案进行叠加，组合成我们想要的图形，如图 8-51 所示。

图 8-51 心形套件

8.4.2 电脑设计操作步骤

单件首饰建模
吊坠设计步骤

① 在正视图中，选择"曲线 > 左右对称曲线"命令，绘制出单个基本心形形态的外部轮廓，绘制完毕后将曲线封口，如图 8-52 所示。

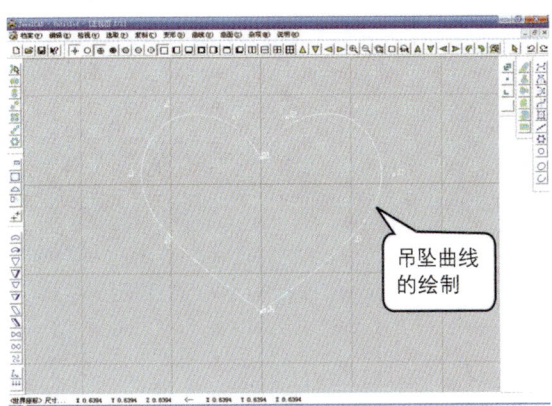

图 8-52 绘制吊坠曲线

绘制美观的曲线

在绘制曲线时，心形的外形尤其重要，它直接影响到整个首饰的外形，所以在绘制时，应特别注意左右对称。

② 单击"复制"工具制作出对应的心形内部轮廓，如图 8-53 所示。

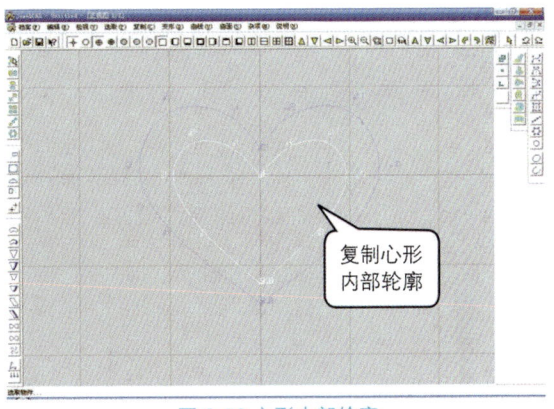

图 8-53 心形内部轮廓

③ 在正视图中，选择"曲线 > 任意曲线"命令，绘制心形的切面形态，如图 8-54 所示。绘制完切面后，选择心形轮廓曲线，并选择"隐藏复制"命令，将心形轮廓线保留，待生成下一个形状的时候使用。

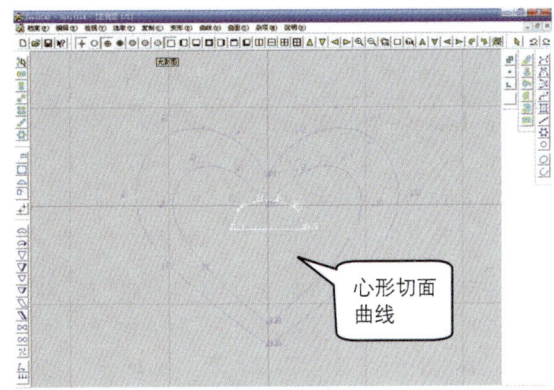

图 8-54 隐藏复制

修改的重要性

在绘制心形的切面曲线时，应把握好曲线的美感，也可选择"修改"命令进行修改。

④ 选择"曲面 > 导轨曲面"命令，设置"导轨曲面"对话框中的参数，如图 8-55 所示；设置完成后，单击"确定"按钮，生成心形立体模型，如图 8-56 所示。

111

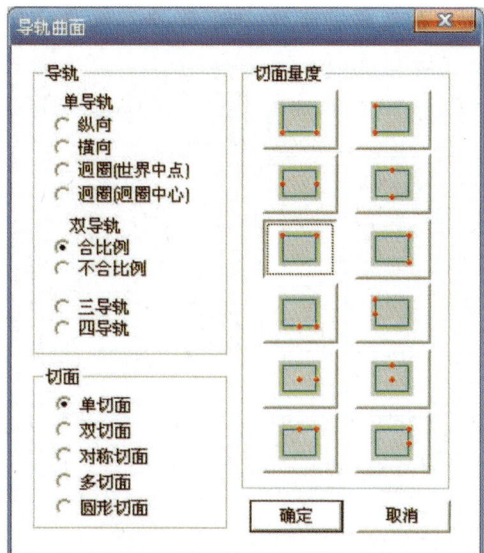

图 8-55 "导轨曲面"对话框

图 8-56 心形立体形态

05 做好第一个心形形态后,将其隐藏,反选后将之前保存的心形曲线显示出来,制作下一个镶宝形态的心形,如图 8-57 所示。

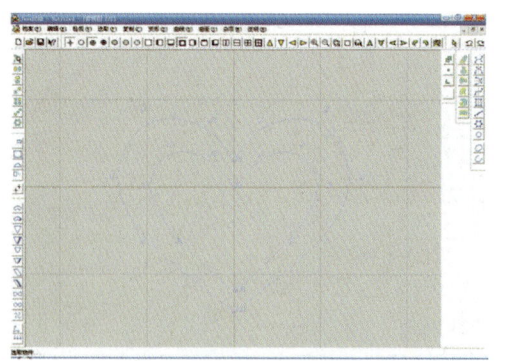

图 8-57 另一个心形形态

"隐藏"工具的作用

"隐藏"工具可隐藏当前选择的物体。隐藏的物体仍然存在。当保存文件时,它们仍然存在,只是处于隐藏状态。

06 制作镶宝心形形态的切面曲线,同样使用"左右对称曲线"命令来完成,绘制完成后将其封口,如图 8-58 所示。

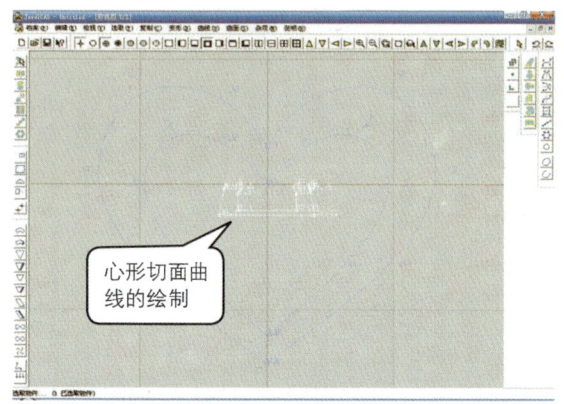

图 8-58 导轨曲面完成图

07 选择"曲面 > 导轨曲面"菜单命令,如图 8-53 设置"导轨曲面"对话框中的参数,生成镶宝心形模型,最终效果如图 8-59 所示。

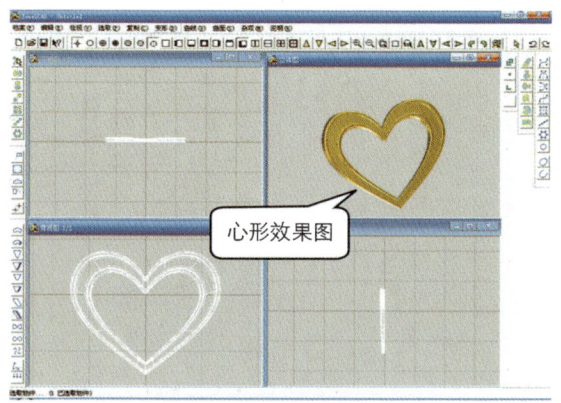

图 8-59 效果图

08 删除切面曲线,使用"上下复制"工具,对镶宝形态的心形进行上下复制定位,如图 8-60 所示。

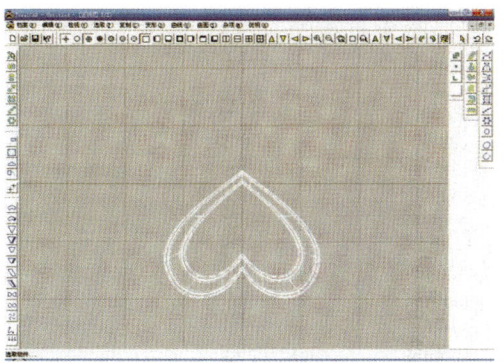

图 8-60 上下复制

09 显示之前制作的弧面心形,将其移动到原点左边,使用"旋转"工具调整其倾斜度,如图 8-61 所示;然后使用"左右对称"工具对其进行复制,如图 8-62 所示。

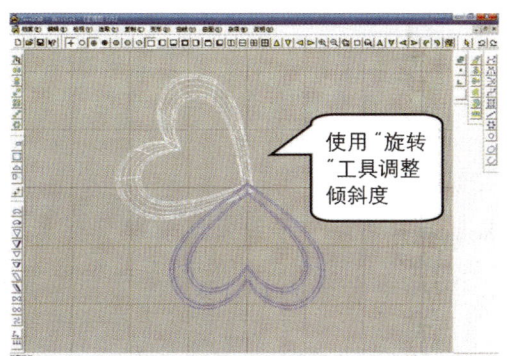

图 8-61 调整斜度

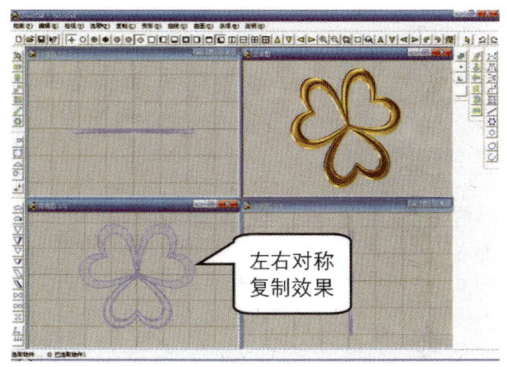

图 8-62 左右对称复制

"旋转"工具的使用技巧

在使用"旋转"工具调整其倾斜度时,应把握好两者之间的距离,调整好后再进行"左右复制"。

10 选择"档案 > 资料库 B"菜单命令,选择 Settings 中的四爪镶圆钻型宝石(软件自带),如图 8-63 所示,在需镶嵌宝石的心形上放置宝石,应用"环形复制"工具,如图 8-64 所示。

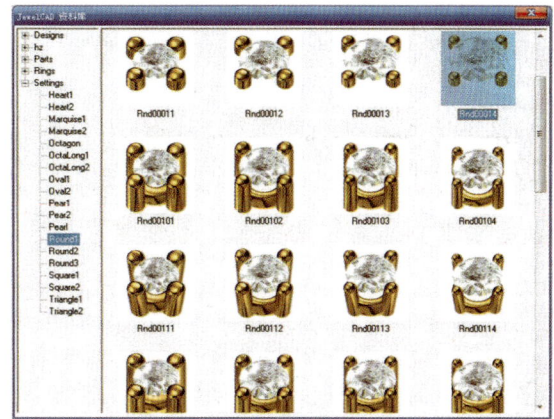

图 8-63 资料库

图 8-64 环形复制后效果

调整宝石的位置

在"环形复制"宝石时,应注意复制后对复制好的宝石进行一些细微的调整,使宝石与金属能够很好地契合在一起。

11 首先制作排放单边的宝石,然后再使用"左右复制"工具复制出另外一侧的宝石,如图 8-65 所示,最后选择"检视 > 光影图"菜单命令,渲染出光影图，如图 8-66 所示。

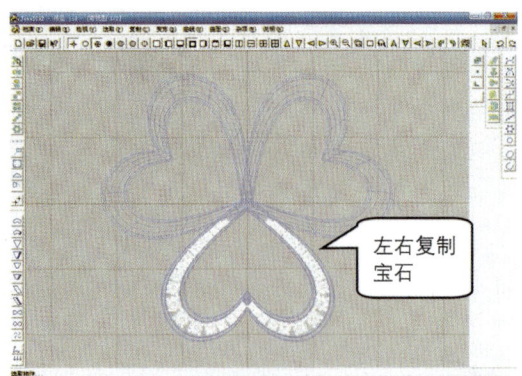

图 8-65 复制宝石

图 8-66 吊坠完成效果图

制作红绳
吊坠制作完成后，可以自行制作一条红绳对吊坠加以装饰，使吊坠看起来更完整。

耳钉设计步骤

01 在吊坠设计基础之上，保留吊坠基础形态，在侧视图中绘制耳针曲线。选择"直线重复"工具，设置对话框中的参数，如图 8-67 所示；选择"曲面 > 管状曲面"命令，制作耳针的圆柱针体，如图 8-68 所示，得到圆形切面图形，如图 8-69 所示。

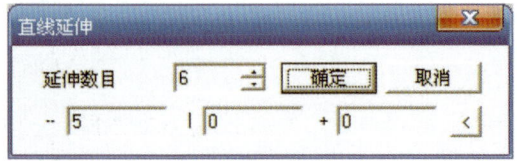

图 8-67 设置参数

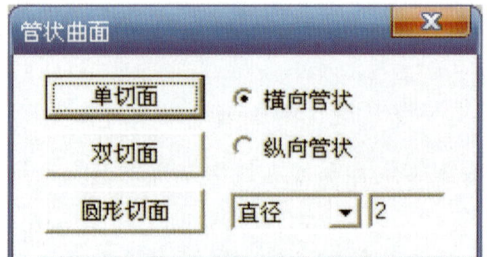

图 8-68 管状曲面设置

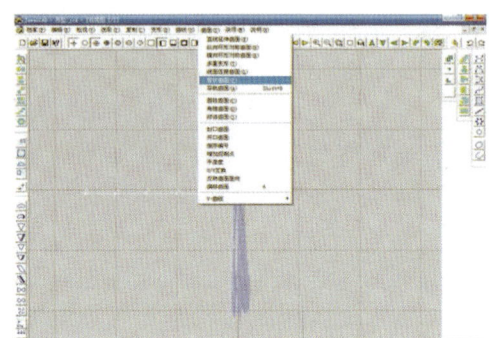

图 8-69 圆形切面图形

绘制耳针时注意曲线水平
在绘制耳针的曲线时，曲线一定要水平，否则最后导轨出的耳针是歪的，在视觉上造成不协调的感觉。

02 选择"梯形化"工具和"尺寸"调节工具对耳针进行调整，如图 8-70 所示。

图 8-70 变形调整

调整耳针的外形
在对成型的耳针进行编辑时，应根据耳针的原理进行适当的梯形变形和大小尺寸变形，使耳针与首饰物件的大小富有统一性。

03 耳针制作完成后，选择"复制"工具复制出一个做好的耳钉，渲染成光影图，如图 8-71 所示。

图 8-71 耳钉光影图

戒指设计步骤

01 仍然使用之前保存的隐藏心形形态，直接制作出与之相称的戒圈即可。首先在正视图中，对之前保存的心形形态进行翻转复制，翻转后切换到女戒花头部分的正视图，如图 8-72 所示。

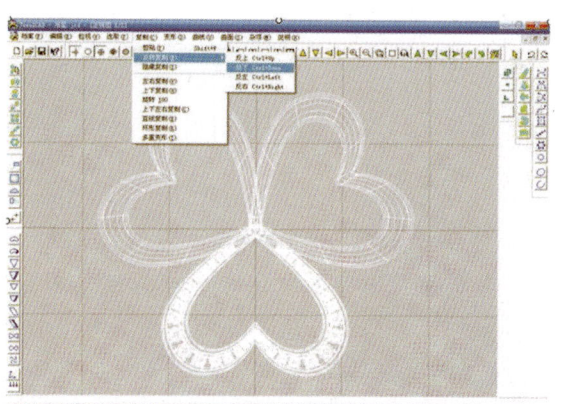

图 8-72 女戒花头

02 接下来，按照光圈女戒的制作步骤，进行戒圈部分的设计。首先，在正视图中，使用"环形重复线"工具，分别画出直径为 16 和 20 的内圈和外圈曲线。将内圈稍稍下移，如图 8-73 所示。

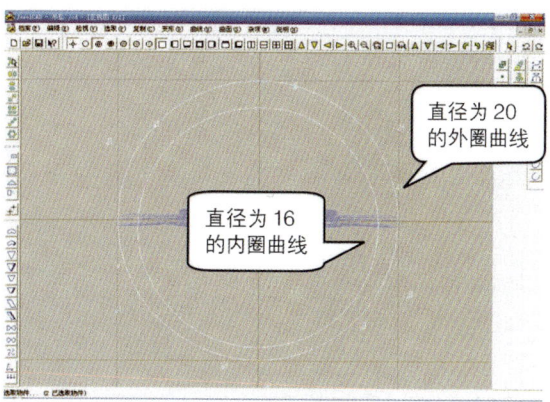

图 8-73 戒指内外圈

03 在侧视图中，使用"移动"工具将外圈向左微移，并调整其倾斜度，如图 8-74 所示；然后使用"左右复制"工具复制出另一侧的外部戒圈曲线，如图 8-75 所示。

图 8-74 调整戒圈

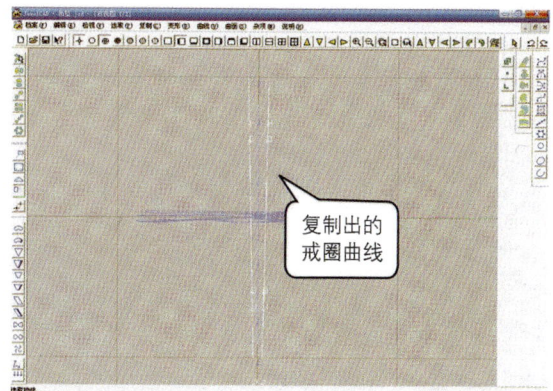

图 8-75 复制戒圈

04 返回正视图中，使用"旋转180曲线"工具，将戒圈的切面曲线绘制出来，如图 8-76 所示。

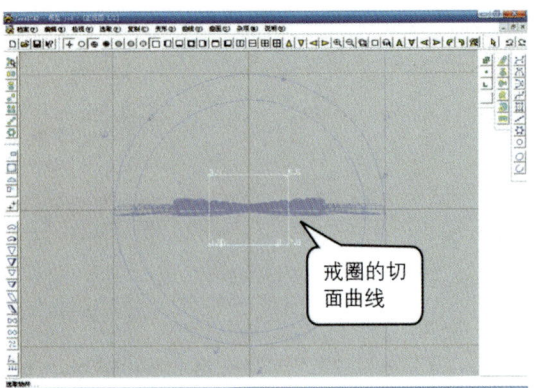

图 8-76 戒圈切面曲线

05 选择"曲面 > 导轨曲面"菜单命令,选择"三导轨"与"单切面"单选按钮,生成戒圈模型,如图 8-77 所示。

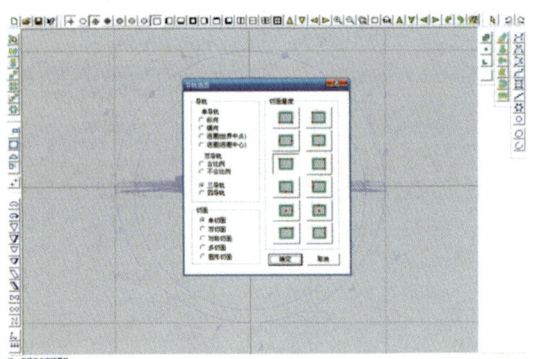

图 8-77 戒圈模型

06 在侧视图中选择左右导轨线,如图 8-78 所示,然后返回正视图,选择底部导轨线和切面,如图 8-79 所示。

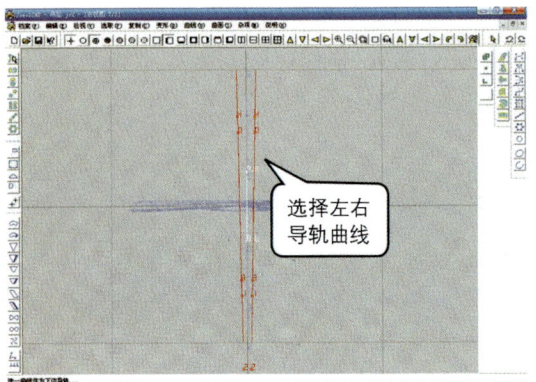

图 8-78 选择左右导轨曲线

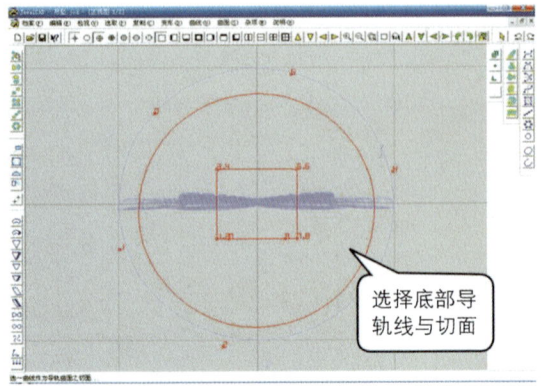

图 8-79 选择曲线

07 最后选择"检视 > 光影图"菜单命令,渲染出光影图,如图 8-80 所示。

图 8-80 戒指效果

08 最后将制作好的吊坠、耳钉以及戒指合在一起,渲染成光影图,如图 8-81 所示。

图 8-81 套件光影图

修改材质

在三件套的制作过程中，我们主要用黄金作为主要的材质，下面我们将介绍怎样修改首饰三件套的材质。

① 先从档案中调出首饰三件套的源文件，如图 8-82 所示。

图 8-82 首饰三件套

② 选择"编辑>材料"命令，如图 8-83 所示，选择铂金材料。

图 8-83 选择材料

③ 选择铂金材料后，渲染光影图，如图 8-84 所示，黄金材质即变成了铂金材质。

图 8-84 铂金材质光影图

材质的选择

在改变首饰材质时，可根据个人的喜好，在资料库中选取任意的材质。

图片渲染处理

在完成最后的材质渲染后，为了进一步提高首饰三件套的完整度，我们将做好的三件套首饰另存为 BMP 图片，然后导入到 Photoshop 中进行图像处理，如图 8-85 所示。

图 8-85 处理效果图

8.5 复杂套件首饰建模

首饰套件在工厂化生产模式下，按照其设计款型、工艺制作难度分为 A、B、C 三个级别，而一般用电脑建模的复杂套件则属于 B 类，以规则形状、对称造型为主。区别于简单套件，在首饰整体造型上以一个或多个单独形态的重复、渐变形式组合而成，在连接方式上也稍微复杂一点，用专门的连接结构或配件进行连接或者串接。因此，在进行电脑建模时，要注意此类首饰的对称性和结构性特点。

8.5.1 复杂套件《Cloud》设计主题构思

8.5.1.1 灵感来源

《Cloud》的设计以中国风"祥云"为设计灵感，在首饰设计中巧妙运用点、线的关系，结合几何这一时尚潮流样式，彰显云朵温婉形态的同时，赋予几何艺术更大的魅力，大方地展现出中国文化，不仅满足人们对时尚与美的追求，又弘扬了中国传统的文化。

8.5.1.2 设计变形

此套件首饰设计以云朵的自然形态为原型，运用几何造型中的流线漩涡形态对其进行设计变形。在整体套件中，特别是项饰的设计上，遵守了设计美学中的"轴对称"黄金法则，致力于表达不一样的情感诉求，彰显奔放而不失柔情，具有强烈的视觉美感。

8.5.1.3 设计创作

《Cloud》既在造型上给人亲切感，同时又能给人以视觉冲击，留下深刻印象，在设计理念中很好地表现出了云朵的主题概念。不规则的线条象征抽象的云，曲折、波动，随着姿态颤动闪烁，在金色链条的映衬下更为夺目，给人流畅、一气呵成的快感。用点、线结合的概念，简单扼要地诠释了设计所要表现的理念。

8.5.1.4 复杂套件《Cloud》的设计建模

项链的建模步骤

01 在正视图中，选择"曲线 > 任意曲线"命令，绘制出单个云纹外部轮廓，如图 8-86 所示。

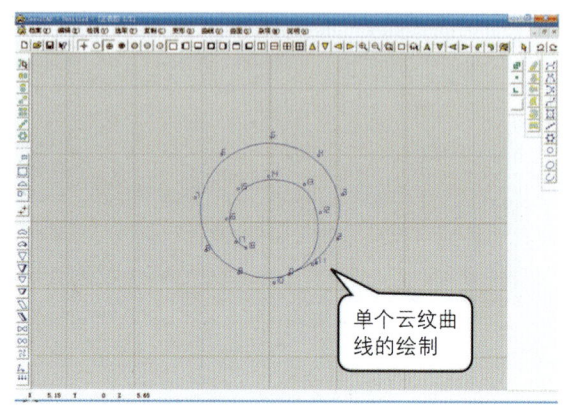

图 8-86 绘制云纹

02 在右视图中，选择"曲线 > 修改 > 任意曲线"命令，调整云纹轮廓的侧面形态，如图 8-87 所示。

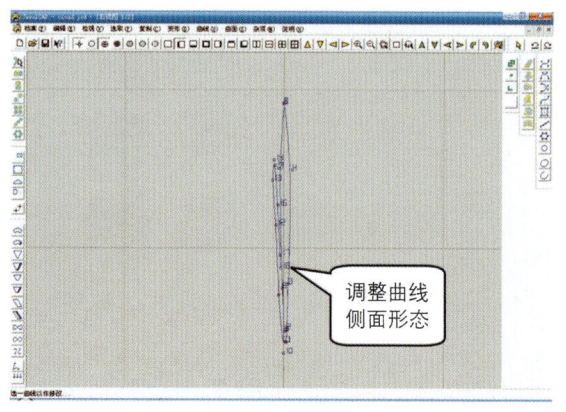

图 8-87 调整曲线侧面形态

侧面形态的空间感

在右视图中调整侧面形态时，要注意设计形态的空间结构，不要因为线条复杂或控制点过多而混乱，切忌在透视图中调整。调整完毕后注意回到正视图，检查正面形态是否变形，如变形则需反复调正，直至正视图与侧视图曲线形态都符合要求为止，如图 8-88 所示。

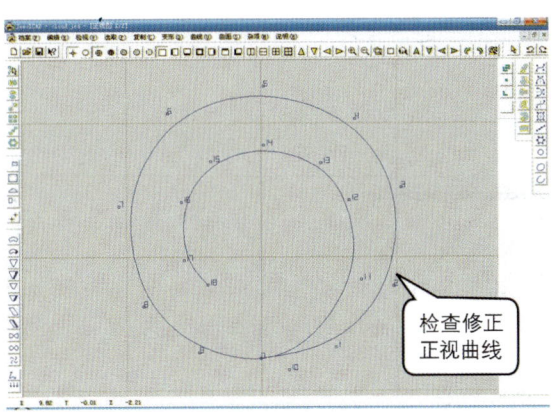

图 8-88 侧面形态

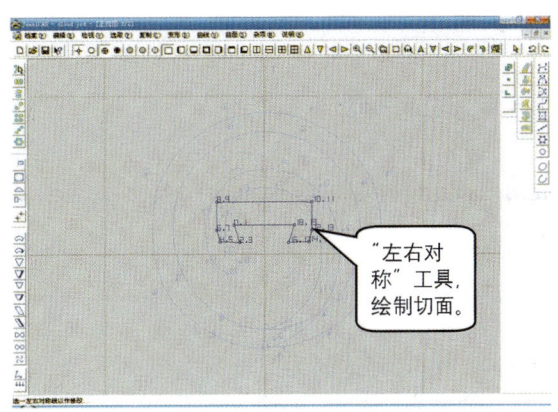

图 8-90 绘制切面曲线

03 返回正视图,按照前面制作心形的方法,使用"复制>隐藏复制"命令做出云纹的内圈,并用"尺寸"工具对其大小进行调整,微调部分利用"修改>任意曲线"命令完成,如图 8-89 所示。

02 选择"曲面>导轨曲面"命令,生成基本云纹造型。选择"双导轨"、区域中"合比例"和"切面"区域中"单切面"单选按钮,单击"确定"按钮,生成云纹实体模型,如图 8-91 所示。

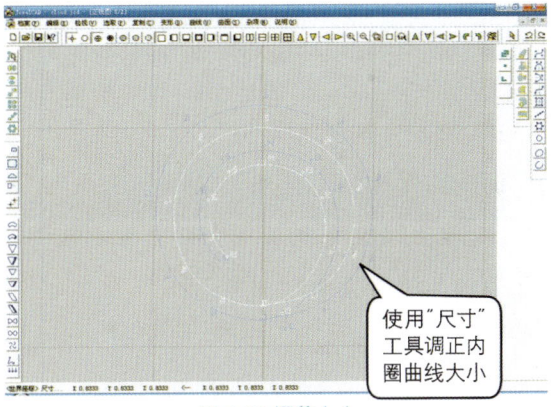

图 8-89 调整大小

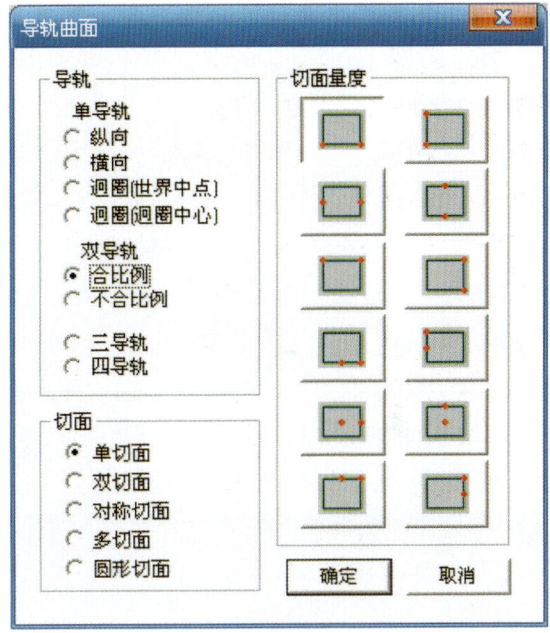

图 8-91 "导轨曲面"对话框

内外圈线条的间距调整

内外圈线条之间的间距是设计中的关键所在。间距的不同,整个设计款式的节奏与韵律也会完全不同,展现出的设计效果也大相径庭。因此,在设计建模时,根据设计图,对间距进行微调,是建模中的关键步骤之一。

绘制云纹造型的切面

01 在正视图中,选择"曲线>左右对称"命令,绘制出云纹的切面曲线,并选择"修改>封口曲线"命令将其封口,然后利用"修改>左右对称曲线"命令,进行造型调正,如图 8-90 所示。

生成步骤

01 按照底部提示,选择外部轮廓曲线作为左边曲线导轨,如图 8-92 所示。

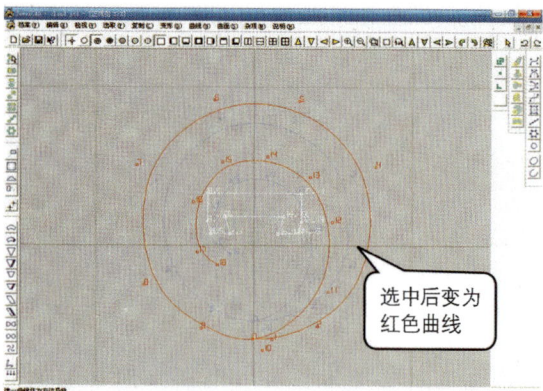

图 8-92 选中曲线

02 同样的，选择内部曲线作为右边导轨，如图 8-93 所示。

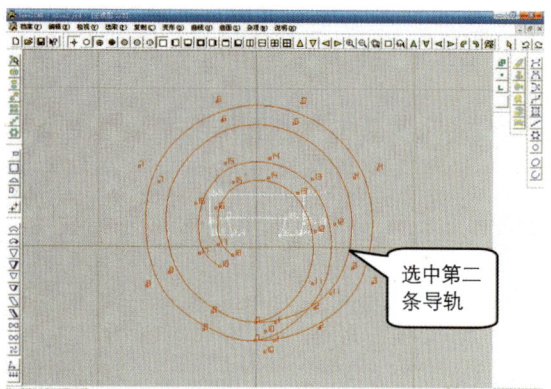

图 8-93 选择导轨曲线

03 选择绘制的曲面曲线作为切面，生成如图 8-94 所示的云纹曲线效果图。这样，这套设计的最基本形态——云纹的模型即制作完成了。

图 8-94 云纹曲线效果图

连接结构的制作

01 在上视图中，选择"曲线 > 左右对称曲线"命令，制作连接结构中的环扣部分，如图 8-95 所示。

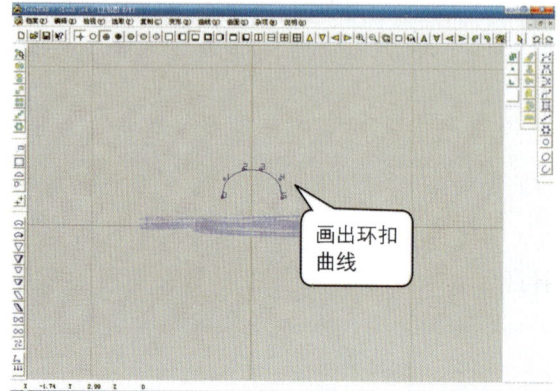

图 8-95 环扣曲线

02 选择"曲面 > 管状曲面"菜单命令，如图 8-96"设置管状曲面"对话框中参数，制作环扣模型，生成如图 8-97 所示效果图。

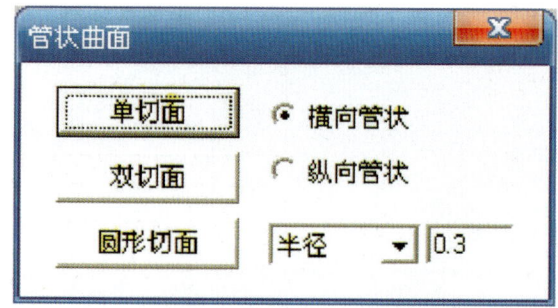

图 8-96 "管状曲面"对话框

图 8-97 效果图

❸ 利用"移动"工具和"尺寸"工具来调整环扣的位置和尺寸,将其放置在连接结构处,如图8-98所示。

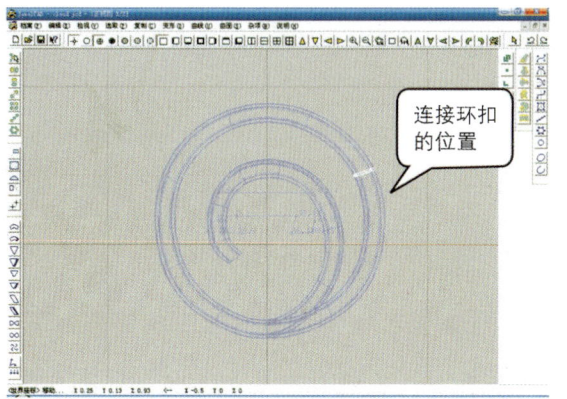

图 8-98 调整连接环扣

❹ 将做好的环扣形态"隐藏复制",以备后面使用。然后在正视图中,对做好的环扣进行复制,选择"复制>左右复制"命令,如图8-99所示。

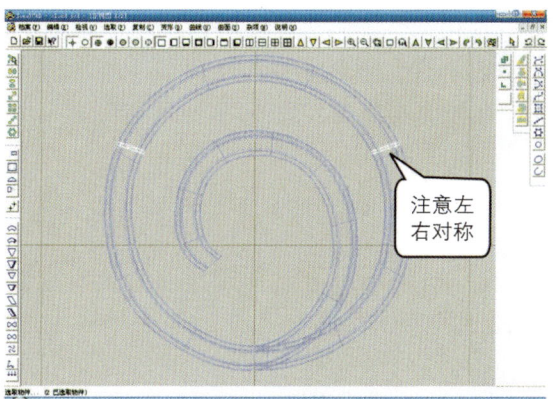

图 8-99 左右复制

❺ 将做好的云纹模型"隐藏复制",开始制作下一个尺寸的云纹模型。选择"复制>左右复制"命令后,通过"尺寸"工具调整下一个云纹至合适尺寸,并用"复制>移动"、"复制>旋转"命令来进行复制与定位,如图8-100所示。

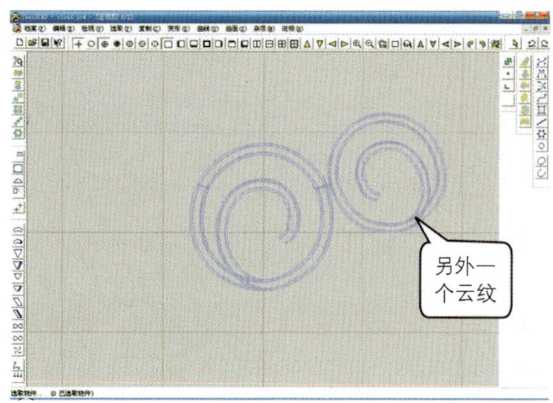

图 8-100 复制云纹

❻ 选择"编辑>不隐藏"菜单命令,将刚刚留下的环扣的模型显示出来,并用之前讲到的定位方法,给中号尺寸的云纹模型安上两个环扣,如图8-101所示。

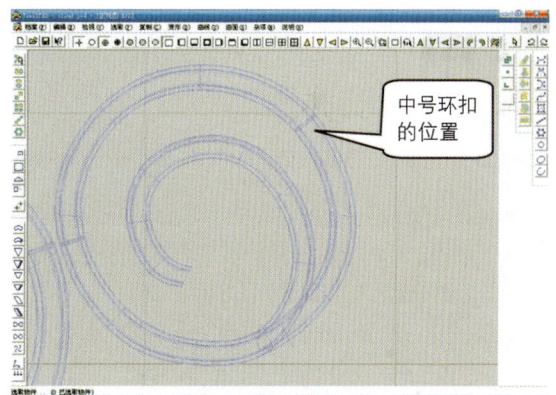

图 8-101 安上环扣

❼ 接下来对做好的中号尺寸的云纹执行"复制>左右复制"命令,做出对称形态的另一边的云纹,如图8-102所示。

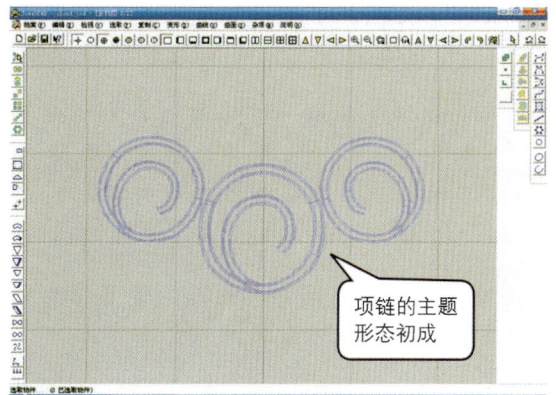

图 8-102 复制云纹

08 用同样的方法，制作出小号的云纹模型，并进行位置调整，如图8-103所示。

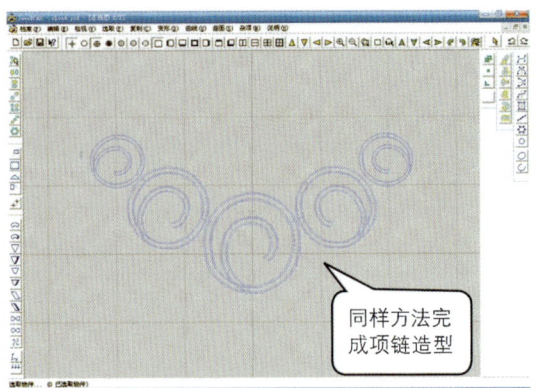

图 8-103 小号云纹模型

09 在正视图中，选择"曲线＞上下左右对称曲线"命令，绘制出用于连接各云纹模型的环扣，并继续使用制作环扣的方法将其生成实体模型，如图8-104所示；选择"曲面＞管状曲面"命令，生成实体，如图8-105所示。

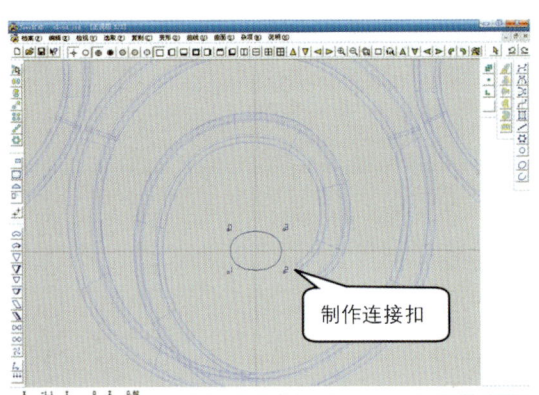

图 8-104 云纹环扣

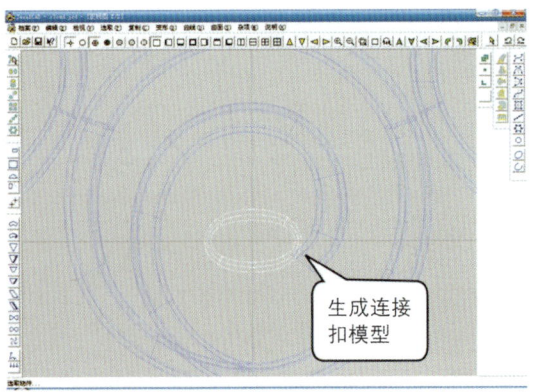

图 8-105 实体环扣

10 对这个封口的环扣执行"变形＞移动"命令，将其放到每个需要连接的环扣处，如图8-106所示。

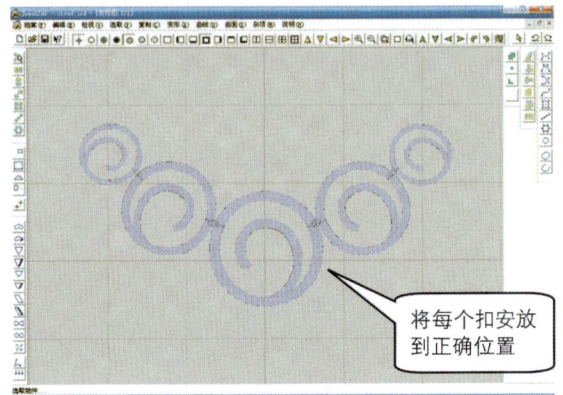

图 8-106 完成图

11 选择"档案＞资料库"菜单命令，选择合适的链子，即完成了项链的制作，如图8-107所示。

图 8-107 项链效果图

戒指的建模步骤

01 套件设计要保持主题造型的一致性，因此戒指的花头部分，仍然以项链的云纹装饰为主，其制作方法同项链。然后在顶视图中，制作出云纹形态模型，如图8-108所示。

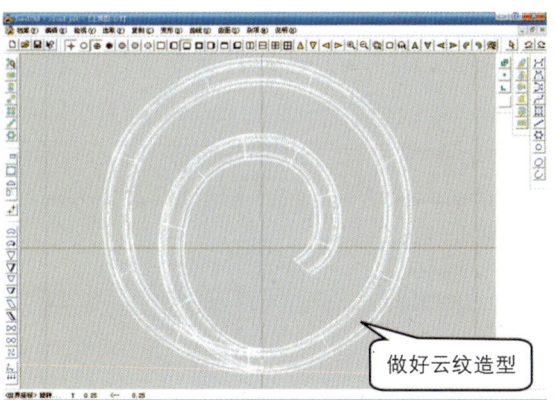

图 8-108 云纹形态

如图 8-111 所示。

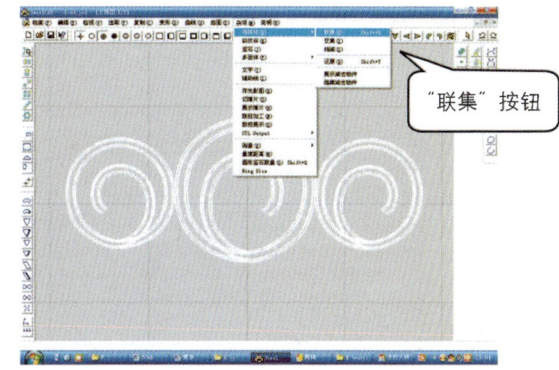

图 8-111 联集

02 选择"复制 > 左右复制"命令,对云纹形态进行复制,如图 8-109 所示。

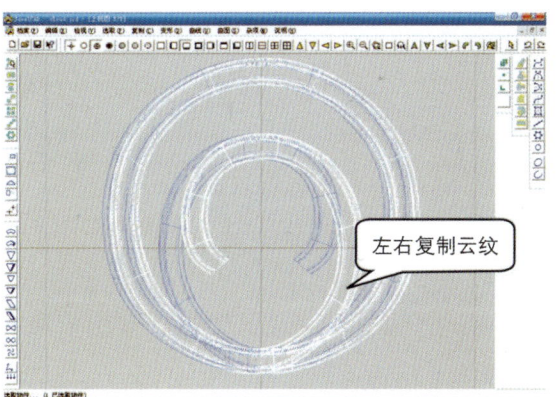

图 8-109 复制云纹

03 选择"变形 > 尺寸"命令,制作出小号的云纹模型,并进行"左右复制",如图 8-110 所示。

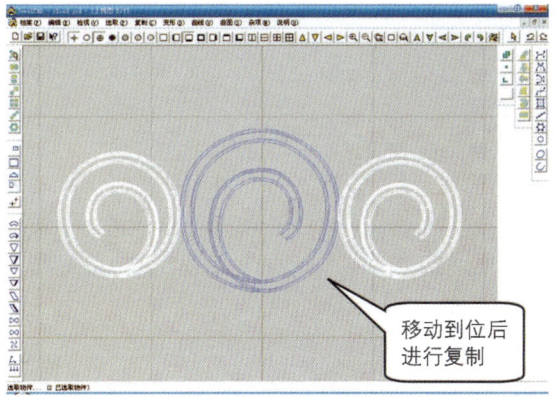

图 8-110 左右复制

04 选中三个云纹形态,选择"杂项 > 布林体 > 联集"命令,将它们合为一体,作为花头部分使用,

05 返回正视图中,单击"曲线 > 圆形"命令,按图 8-112 设置"圆形曲线"对话框中参数,画出戒圈的辅助曲线,如图 8-113 所示。

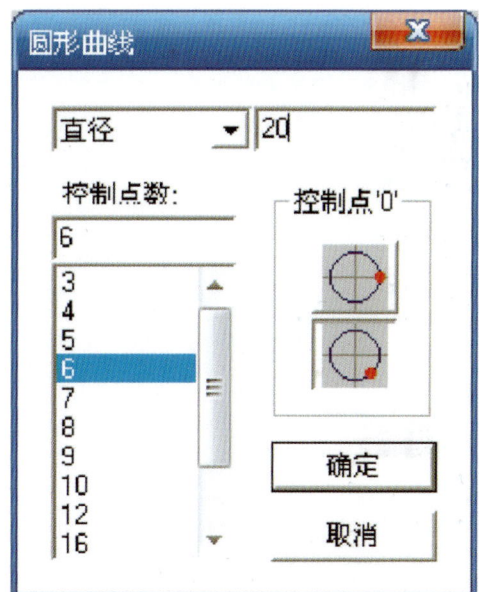

图 8-112 "圆形曲线"对话框

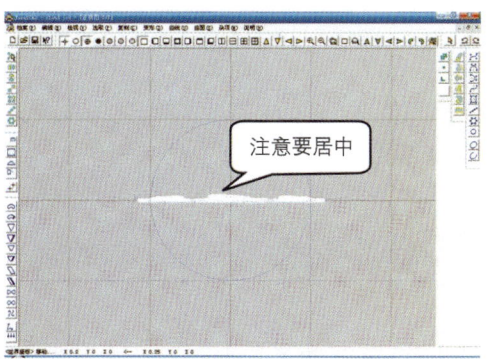

图 8-113 绘制辅助线

123

06 根据画好的戒圈大小，在顶视图中对云纹部分尺寸进行适当调整，并执行"复制 > 直线复制"命令，按图 8-114 设置"直线延伸"对话框中参数，最后得到如图 8-115 所示效果。

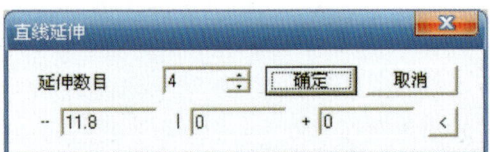

图 8-114 "直线延伸" 对话框

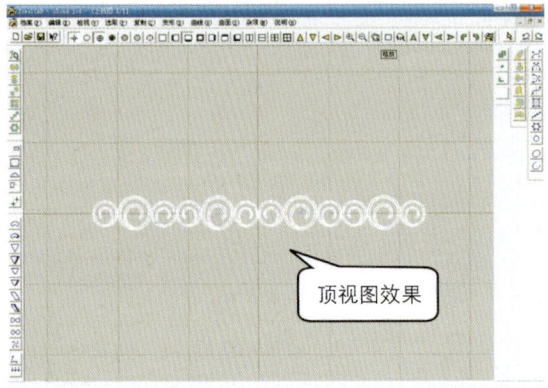

图 8-115 延伸效果

07 返回正视图，然后选择"变形 > 曲线/映射"命令，将排列好的云纹造型映射到戒圈曲线上，这样戒指部分即制作完成，如图 8-116 所示。

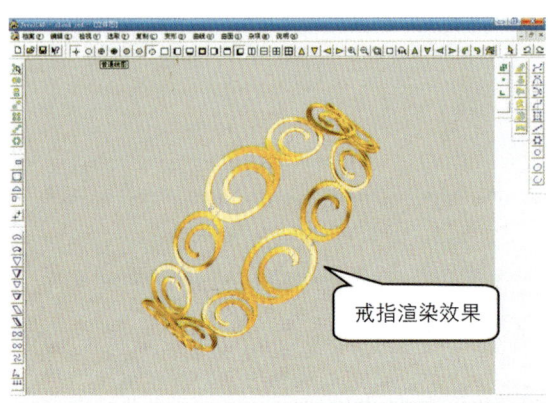

图 8-116 最终效果图

耳钉的建模步骤

01 同样的，使用云纹的模型，在正视图中制作出云纹模型后，切换到右视图，执行"直线延伸"命令，按图 8-117 设置"直线延伸"对话框中参数，绘画出耳针的直线辅助线，如图 8-118 所示。

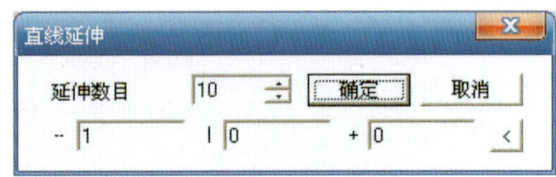

图 8-117 "直线延伸" 对话框

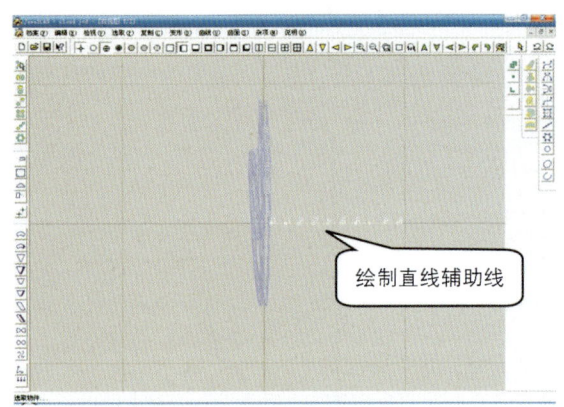

图 8-118 耳针曲线

02 选择"曲面 > 管状曲面 > 圆形切面"命令，按图 8-119 设置"管状曲面"对话框中参数，制作出耳针，如图 8-120 所示。

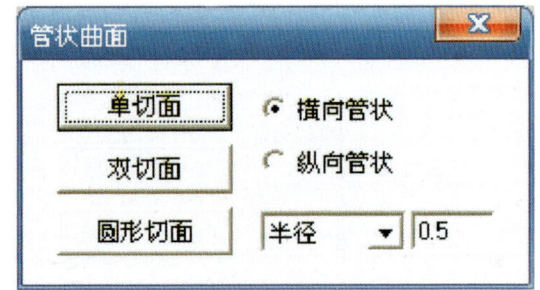

图 8-119 "管状曲面" 对话框

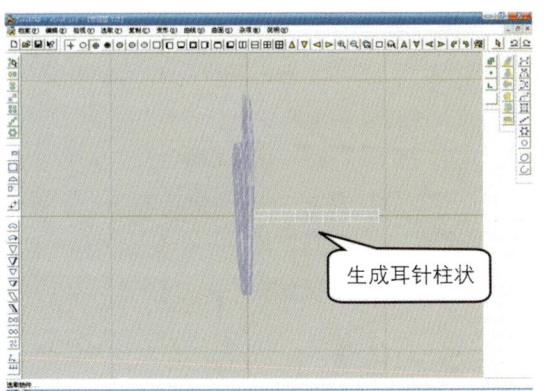

图 8-120 耳针模型

③ 选择"变形>梯形化"命令,在正视图及上视图中,分别对做好的圆柱状耳针进行调整。选择圆柱体,按住鼠标右键,将其变形为针状柱体,如图 8-121 所示。

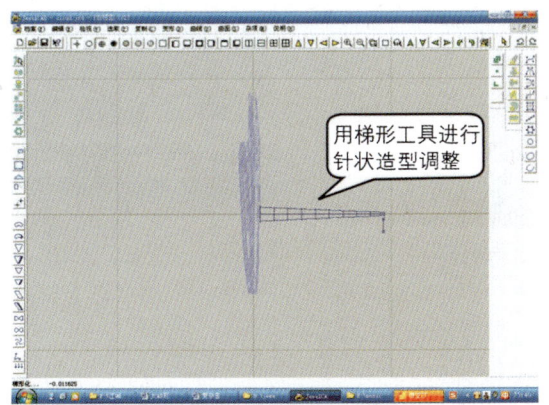

图 8-121 针状柱体

④ 选择"变形>尺寸"命令,按住鼠标右键,对针状柱体进行大小调整,如图 8-122 所示。

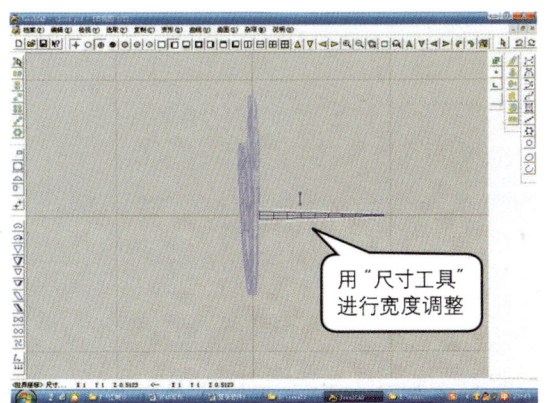

图 8-122 调整耳针

⑤ 最后选择"变形>移动"命令,将耳针移动到云造型上部安放耳针的位置即可,如图 8-123 所示。

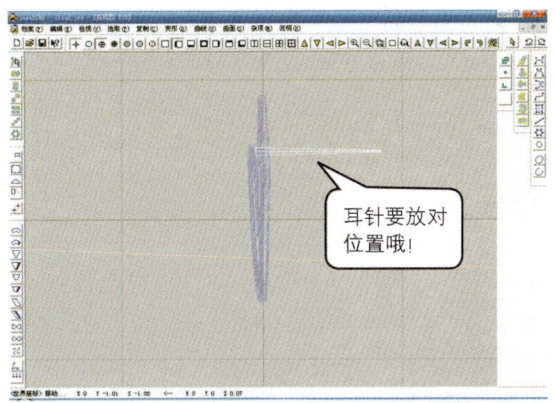

图 8-123 移动耳针位置

调整位置与尺寸的技巧

以上对环扣及耳针等进行调整的时候,注意要在其他视图中对其进行位置和尺寸的检查,千万不要只在一个视图中进行调整,否则容易产生误差或者根本就没有安放到位!

⑥ 得到耳饰效果图,如图 8-124 所示。

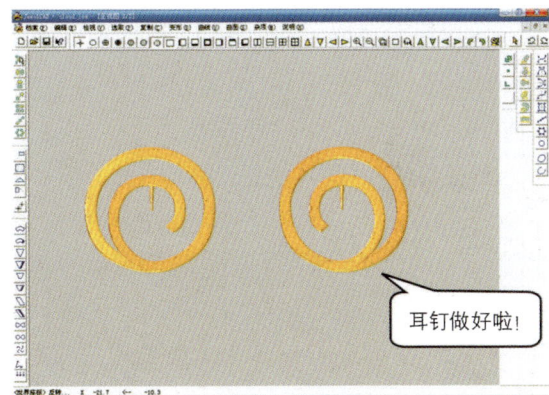

图 8-124 耳饰效果图

复杂套件《Cloud》首饰套件即已完成,最终效果图如图 8-125 所示。

图 8-125 最终效果图

8.5.2 复杂套件《巴黎魅影》设计主题构思

8.5.2.1 灵感来源

《巴黎魅影》的设计灵感来源于浪漫主义与蕾丝纹样的结合。人们总是爱幻想蝴蝶结、花瓣裙、蕾丝，这些浪漫元素总是很容易得到人们的青睐。蕾丝是一种舶来品，网眼组织，最早由钩针手工编织。蕾丝的种类有很多，而且生产的方法也比较广泛，维多利亚时期之前，贵族最常用蕾丝花边装扮服饰，展现女性的妩媚。1878 年的巴黎珠宝展推出了满镶钻衬托宝石的镶嵌手法，使得珠宝变得前所未有的精致玲珑，皇室名媛竞相佩戴，女性从未如此艳光四射，丝质蕾丝花边很快就被人们抛在脑后了。最开始是五颜六色的有色宝石盛行，而后黑白色系的贵金属材质被大量运用，但钻石与宝石织就的"蕾丝"虽光芒四射却也昂贵无比。因此也形成了昂贵的"宝石蕾丝"并一直流传至今。

8.5.2.2 设计变形

《巴黎魅影》这套首饰主要是对"宝石蕾丝"这一传统工艺的运用。设计者并没有完全依照维多利亚时代的满钻的蕾丝花边样式进行设计，而是提取了蕾丝花样中的一个小点进行设计，设计成了一个镂雕工艺与群镶钻石相结合的钻石蕾丝吊坠，再配合宽的三排珍珠链，浪漫中多了一分的雍容华贵。体现出一种现代人的简约而不简单的浪漫奢华之情。

8.5.2.3 设计创作

此套设计运用了蕾丝造型，利用斯华洛世奇元素与人造珍珠等材质来代替传统珠宝中所运用的贵重宝石与贵金属。采用蕾丝造型，并不是只利用蕾丝布料来表现，从而增添了首饰的贵重感，质感上也更偏向于现代首饰的感觉与形式，并不是对 18~19 世纪浪漫主义的单纯抄袭，而是加入了经过 100 多年的发展存在于现在社会中的浪漫主义的精髓。

8.5.2.4 单件首饰建模

项链的建模步骤

首先，在正视图中，按照图稿的样式描绘项链主体造型的形态。分析此造型我们不难看出，虽然主体吊坠形态看上去纷繁复杂，层次很多，但其实主体上都是属于对称形式的，而且各单形也都是对称形态的。所以，我们主要使用对称的线条来进行设计造型的绘制。

> **造型绘制技巧**
>
> 在进行设计造型绘制时，对于此类形态复杂、层次繁多的造型，要注意从大到小、由总到细，进行造型描绘。切忌细部描绘，否则容易失去对尺寸的把握。

❶ 首先制作位于第一层的梨形结构造型。在正视图中，使用"曲线 > 左右对称曲线"命令，画出此造型的外部梨形形态，如图 8-126 所示。

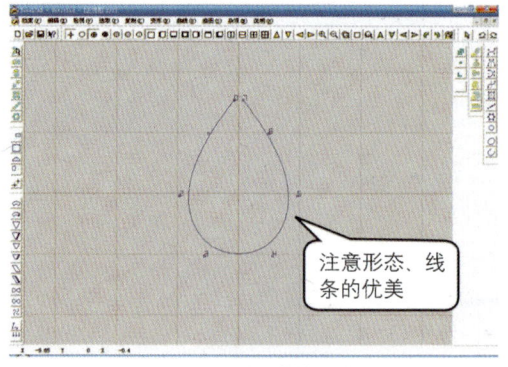

图 8-126 梨形曲线形态

❷ 选择"修改 > 封口曲线"菜单命令，将画好的梨形封口，并利用"修改 > 左右对称曲线"命令进行调整，得到完整的梨形曲线，如图8-127 所示；做好外部轮廓的曲线后，用同样的方法制作内部曲线，确定梨形结构的宽度。

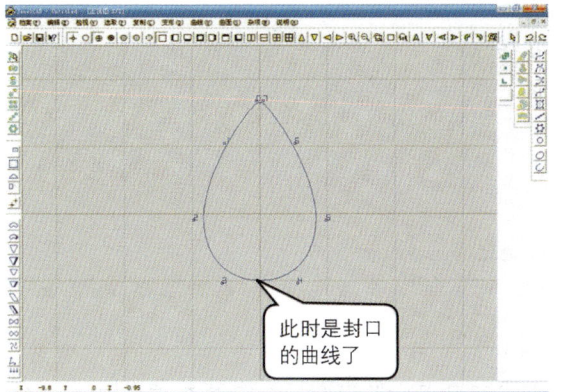

图 8-127 梨形曲线

控制点数目与顺序

此时要注意，若是重新制作曲线，控制点的数目和顺序号一定要与前一条相同。如果顺序或者数目不同，在进行后续导轨模型时将无法完成。

❸ 为了避免后续导轨时发生问题，一般在此类造型的建模时，会采用"复制 > 隐藏复制"的方法来制作内部轮廓的线条，如图 8-128 所示，隐藏复制后结果如图 8-129 所示。

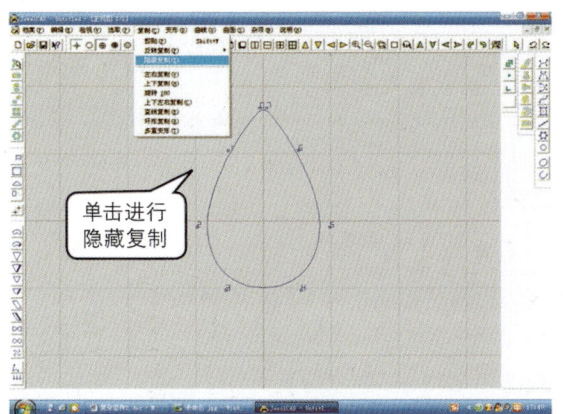

图 8-128 隐藏复制

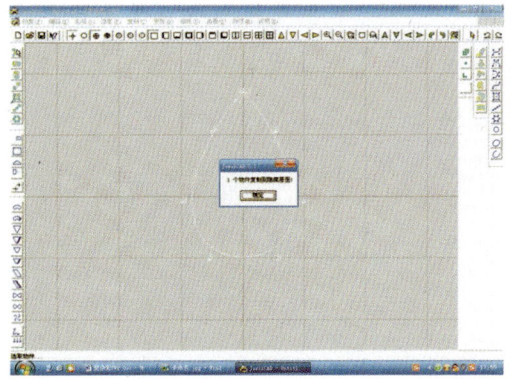

图 8-129 隐藏复制后结果

❹ 执行"复制 > 隐藏复制"命令后，我们得到了已经被隐藏了的另一条梨形曲线，此时我们看不见它。所以，单击鼠标右键，让所有的线条恢复到未选中的状态，如图 8-130 所示。

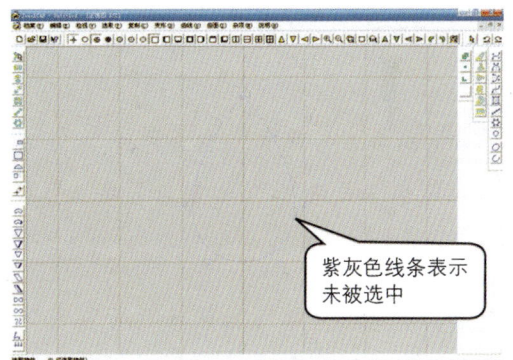

图 8-130 取消选中

❺ 选择"编辑 > 不隐藏"菜单命令，此时，我们就可以看到白色的选中状态的内部梨形轮廓曲线了，如图 8-131 所示，隐藏复制出来的曲线，如图 8-132 所示。

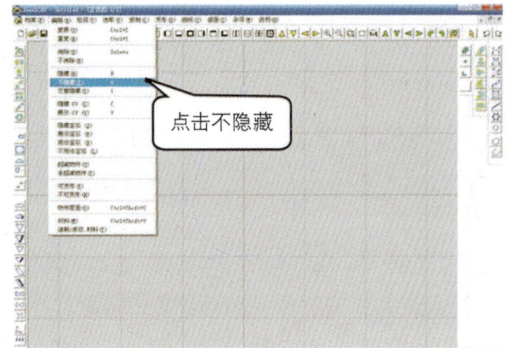

图 8-131 不隐藏曲线

图 8-132 隐藏复制出的曲线

06 接下来,执行"变形 > 尺寸"命令,对内部线条进行大小变形,确定初步的梨形结构的宽度,如图 8-133 所示。

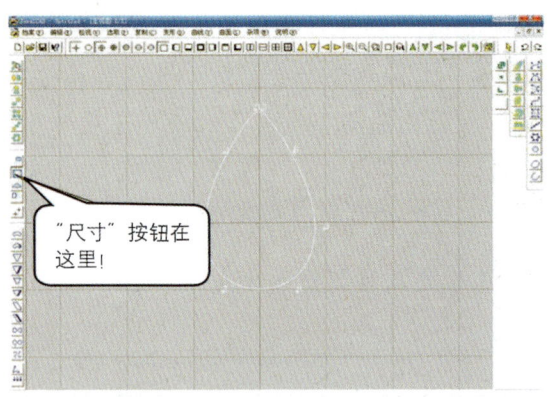

图 5-133 调整大小

初步调整好的内部梨形轮廓并不符合图稿的要求,所以还需要进一步调整,如图 8-134 所示。

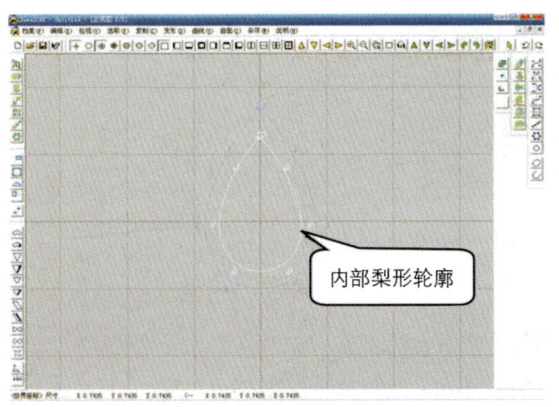

图 8-134 调整内部轮廓曲线

07 选择"修改 > 左右曲线"命令,对内部轮廓线条进行调整,直至其符合高度要求,如图 8-135 所示。

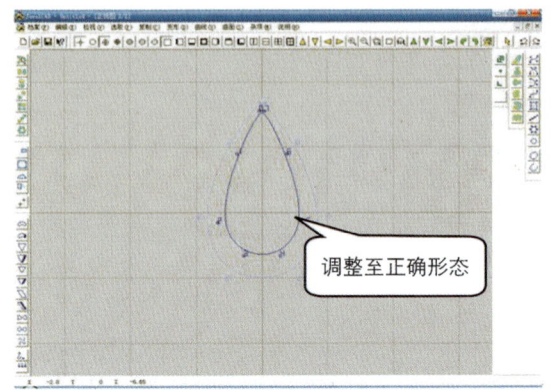

图 8-135 调整曲线

这样,两条梨形结构的轮廓线即画好了。下面开始制作它的切面结构。

01 由图稿我们可以看出,这款项链采用了槽镶镶嵌方法。所以,它的切面结构应该画成槽镶形式的。在正视图中,选择"曲线 > 左右对称曲线"命令,画出其切面形态,如图 8-136 所示。

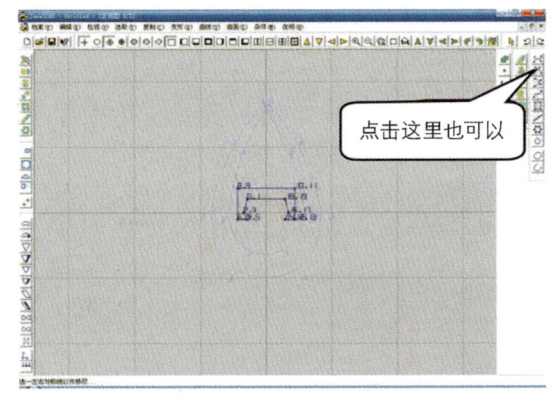

图 8-136 绘制切面形态

02 画好了曲线,也做好了切面后,下面开始使用导轨工具生成模型。

选择"曲面 > 导轨曲面"菜单命令,弹出"导轨曲面"对话框,如图 8-137 所示,选择"双导轨"区域中"合比例"以及"切面"区域中"单切面"单选按钮来生成模型。

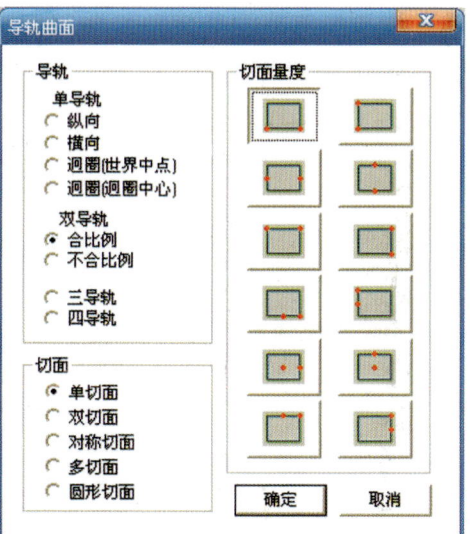

图 8-137 "导轨曲面"对话框

03 按照视图底部的提示,选择左边的导轨曲线,我们选择外部轮廓曲线,如图 8-138 所示,单击后曲线变为红色。

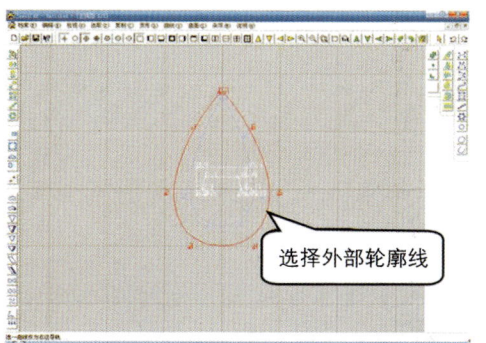

图 8-138 选择外部轮廓线

04 选择右边导轨曲线,同样的,我们选择内部轮廓曲线作为右边的导轨曲线,选择后曲线变成红色,如图 8-139 所示。

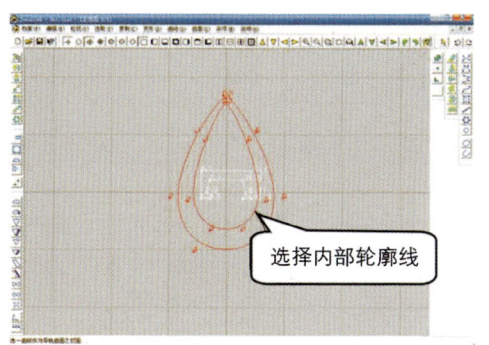

图 8-139 选择内部轮廓线

05 最后要选择切面。单击切面之后,即直接生成了我们想要的梨形结构模型线图,如图 8-140 所示。

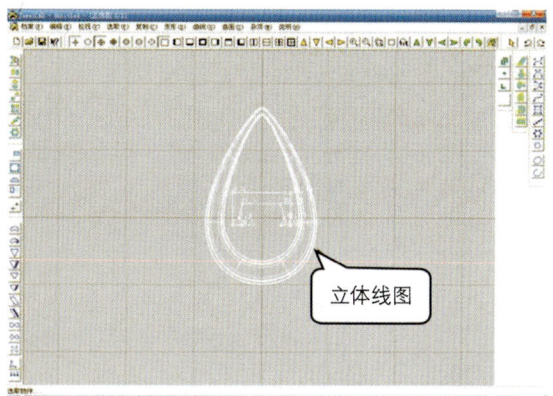

图 8-140 立体线图

06 渲染出来看看效果如何,如图 8-141 所示。

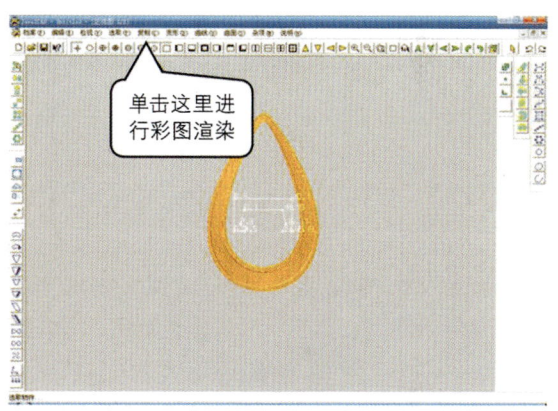

图 8-141 渲染效果图

接下来我们要为它镶嵌宝石。

01 首先,对我们之前做好的切面形态执行"编辑 > 隐藏"命令,留在后续的模型制作中继续使用。然后选择"档案 > 资料库"菜单命令,调出合适的宝石模型,如图 8-142 所示;在"资料库"中,我们选择圆形宝石中四爪起钉的宝石模型进行槽镶的宝石镶嵌组合,如图 8-143 所示。

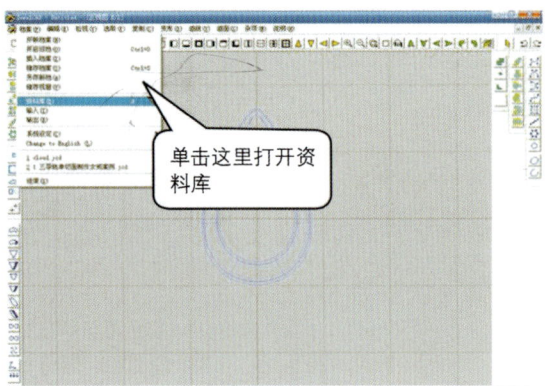

图 8-142 资料库

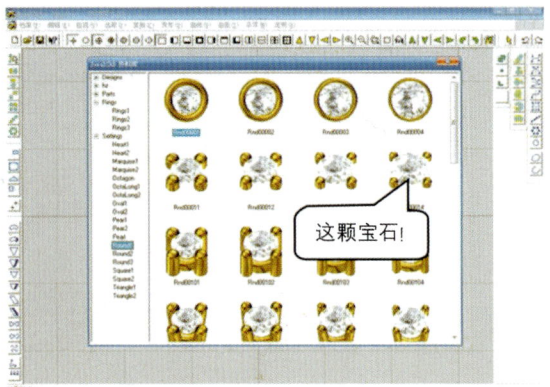

图 8-143 选择四爪起钉的宝石模型

02 宝石已调出来了，但是可以看到它在正视图中处于侧面形态，而且尺寸过小。所以，首先要将视图放大，如图 8-144 所示；放大后效果图如图 8-145 所示。

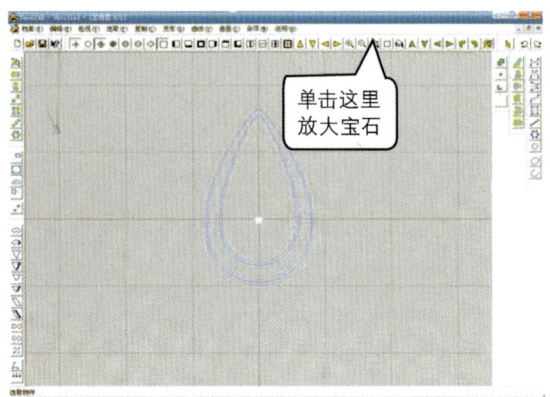

图 8-144 放大宝石

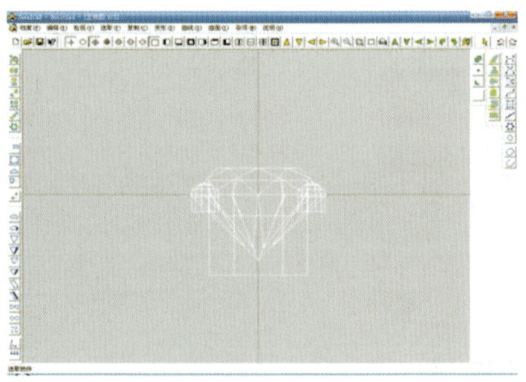

图 8-145 放大后效果

03 放大宝石后，将多余的镶口部分删掉，留下镶爪即可，如图 8-146 所示。

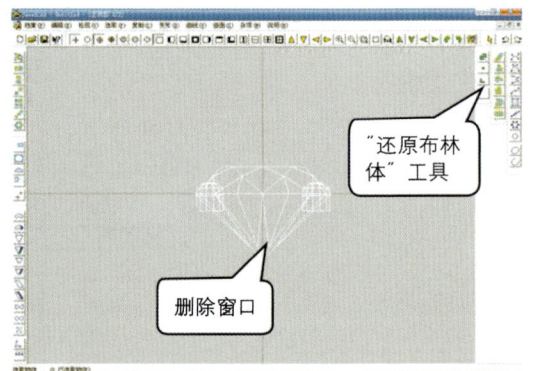

图 8-146 删掉多余镶口

删除时的注意事项

删除前先使用"还原布林体"工具将组合的宝石和镶口部分分开，再逐个删除。

04 选择"变形 > 反转"命令，将宝石转为顶视形态，如图 8-147 所示。

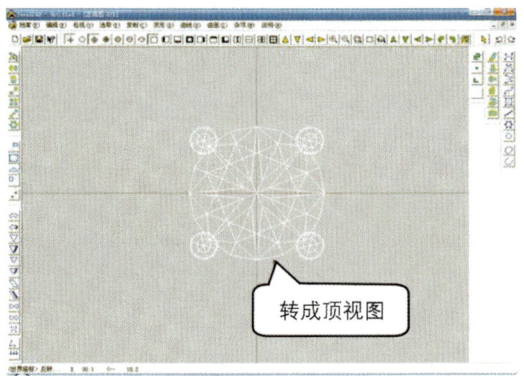

图 8-147 顶视形态

05 反转宝石后,单击"全图"工具,返回正常大小的视图,如图 8-148 所示,开始进行宝石的放置与排版。

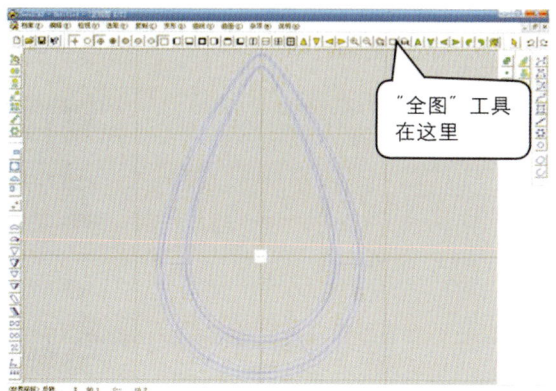

图 8-148 全图窗口

排放安置宝石

01 将反转好的宝石放到梨形底部居中的位置,从最大的一颗开始放置,如图 8-149 所示。

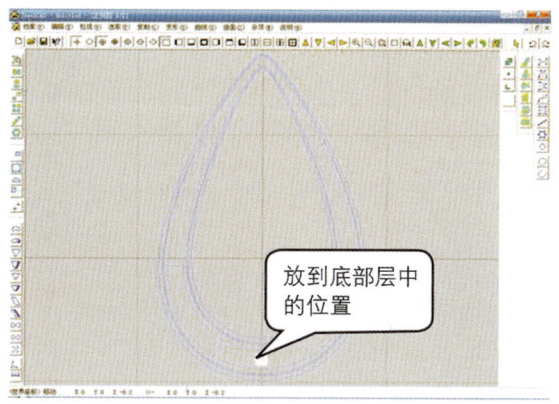

图 8-149 放置首颗宝石

02 选择"变形 > 尺寸"命令,对其大小进行调整,如图 8-150 所示,排放宝石以宝石的四个镶爪接近于边槽为佳,既不可以完全接触,也不可以差得太远。

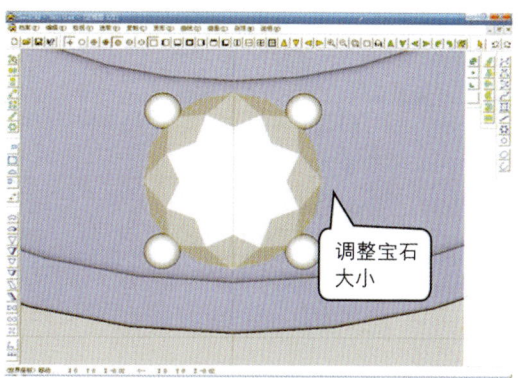

图 8-150 调整大小

在快彩图中调整

在一般线图中很难控制宝石尺寸的吻合度,所以可以在快彩图中进行调整。

03 调整好正视图以后,回到线图模式,进入侧视图,检查宝石安放是否到位。如图 8-151 所示,调整后效果如图 8-152 所示。

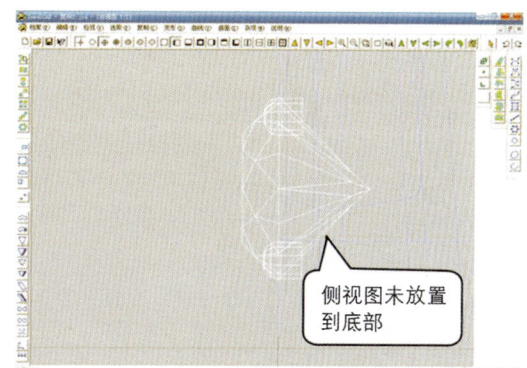

图 8-151 调整前侧视图

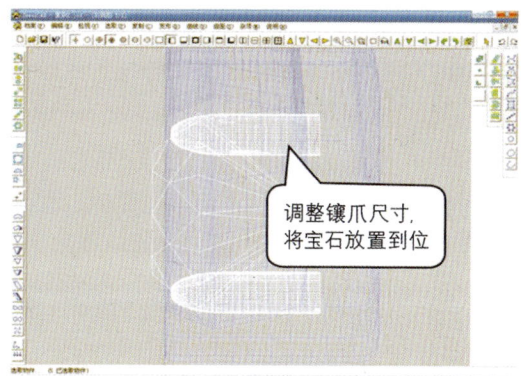

图 8-152 调整后侧视图

 操作注意事项

切记,一定要让宝石刚好卡在做好的槽口里,镶爪的高度要合适。

❹ 这样第一颗宝石就放置好了,如图 8-153 所示。

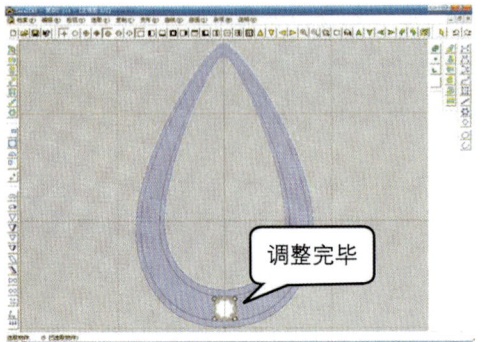

图 8-153 宝石安置完毕

❺ 下面开始排放右边的宝石。将放好的第一颗隐藏复制,取消隐藏,调整尺寸,排放第二颗、第三颗、第四颗宝石如图 8-154 至图 8-158 所示,完成右边的宝石排放。

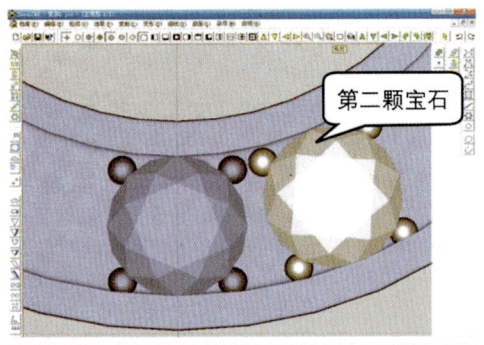

图 8-154 放置第二颗宝石

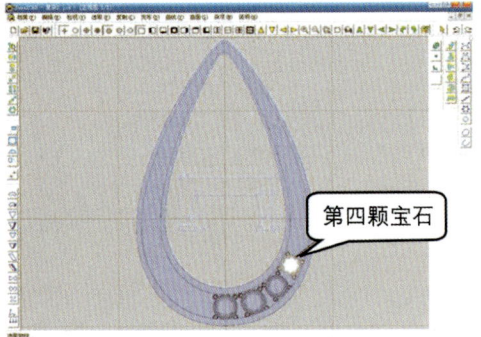

图 8-155 放置第四颗宝石

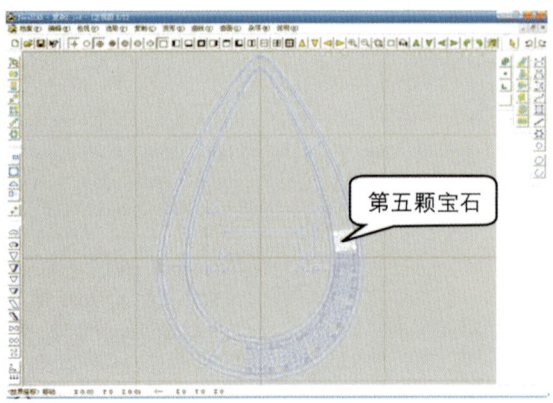

图 8-156 放置第五颗宝石

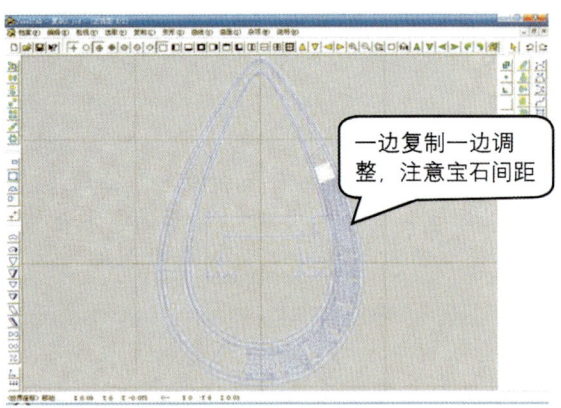

图 8-157 放置第十颗宝石

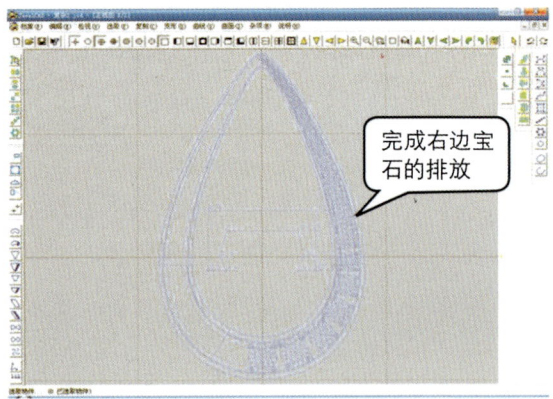

图 8-158 放置右边宝石

❻ 排好右侧的所有宝石。然后选中除了最下面和最上面居中的宝石以外的所有宝石,选择"复制 > 左右复制"命令,完成左边宝石的放置,如图 8-159 所示。

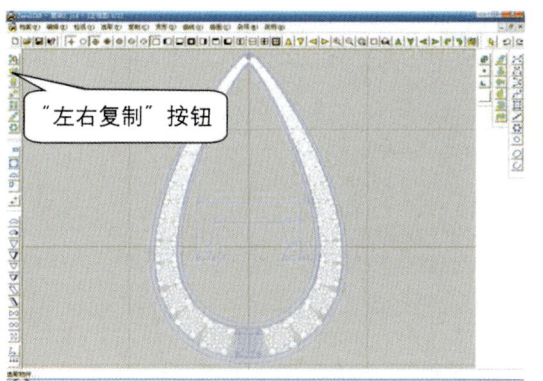

图 8-159 放置左边宝石

⓻ 最后完成整个梨形造型的宝石镶嵌，渲染效果如图 8-160 所示。

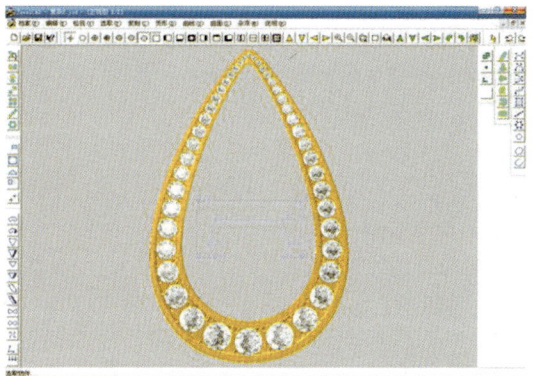

图 8-160 效果图

我们现在完成了吊坠第一层梨形造型的模型制作和宝石镶嵌。其余的造型都是按照这样的步骤来完成的，之后进行叠加组合即可。

⓵ 在正视图中，选择"曲线 > 左右对称曲线"命令，绘制出第二层结构的内外轮廓线，如图 8-161 所示。

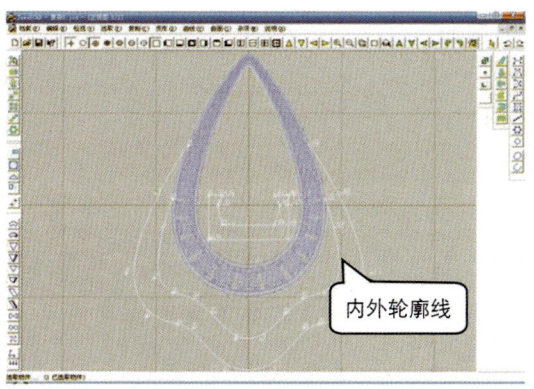

图 8-161 内外轮廓线

⓶ 用之前保留下来的切面形态，使用导轨工具生成第二层的模型结构，如图 8-162 所示。

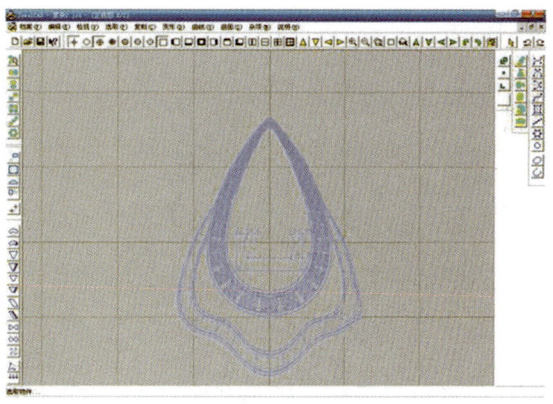

图 8-162 第二层模型结构

⓷ 接下来，用同样的镶嵌方法给第二层结构镶嵌上宝石，如图 8-163 所示，吊坠部分即全部完成。

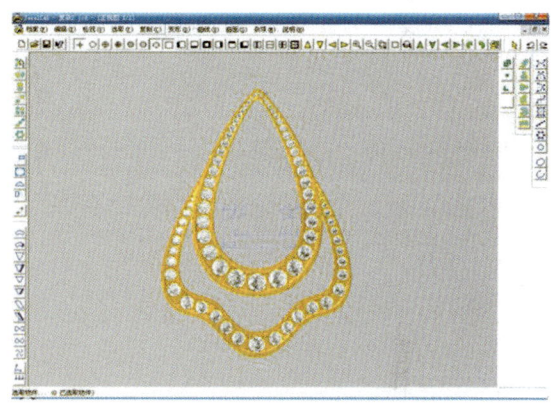

图 8-163 为第二层结构镶嵌宝石

制作项链的连接结构

⓵ 在正视图中，制作出用于悬挂主石的环扣部分。选择"曲线 > 任意曲线"命令，画出环扣的弧形曲线，如图 8-164 所示。

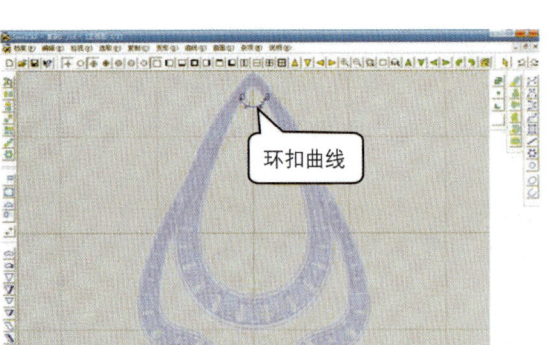

图 8-164 环扣的弧形曲线

02 选择"曲面 > 管状曲面"菜单命令,弹出"管状曲面"对话框,设置参数,如图 8-165 所示,生成环扣模型,如图 8-166 所示。

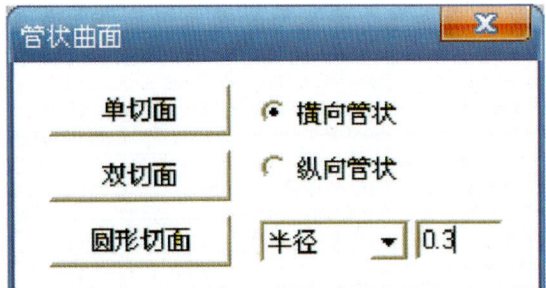

图 8-165 "管状曲面"对话框

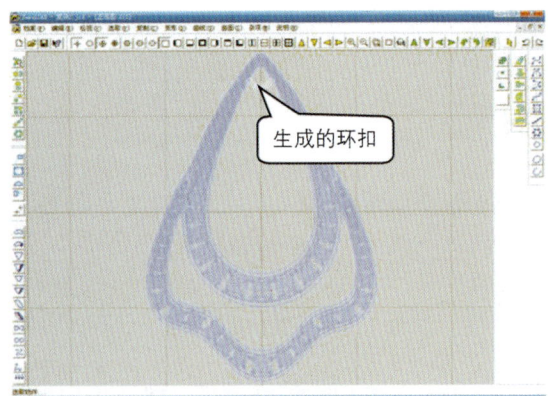

图 8-166 环扣模型

03 生成的曲面形态稍微有点粗,选择"变形 > 尺寸"命令,按住鼠标右键拖拽,减小其尺寸,如图 8-167 所示。

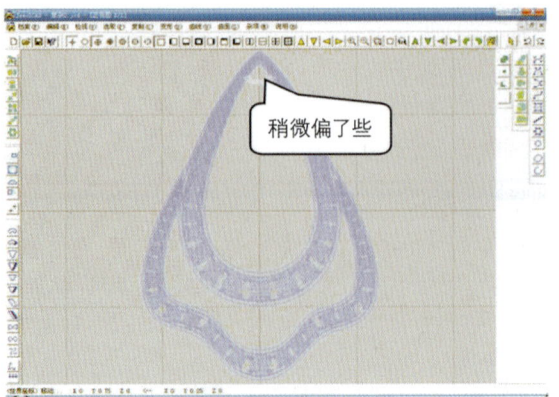

图 8-167 减小尺寸

04 在侧视图中检查环扣的位置,看是否刚好卡在梨形结构的中间,有没有过高或过低,如图 8-168 所示。

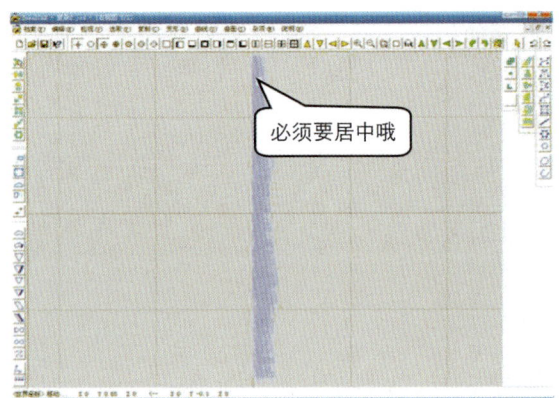

图 8-168 检查环扣位置

05 调整后,选择"档案 > 资料库"菜单命令,调出合适的珍珠作为主石(软件自带),如图 8-169 所示。

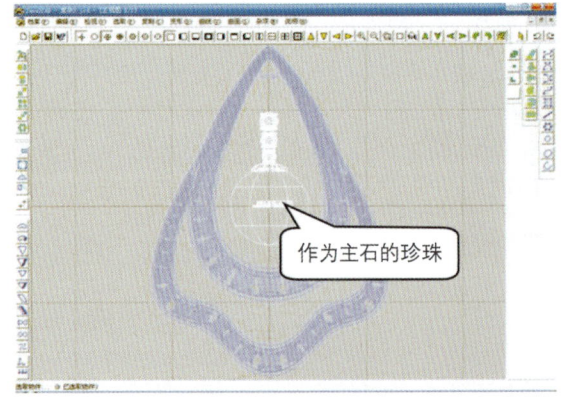

图 8-169 调出珍珠

06 从图中可看出,还需要制作一个圆环用来连接珍珠和环扣部分。所以,接下来按照复杂套件范例中讲到的圆环制作方法,制作一个封口的环扣,如图 8-170 所示。

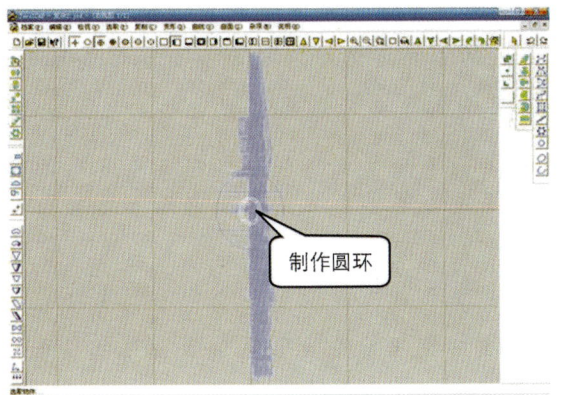

图 8-170 封口环扣

07 调整圆环至合适大小,连接到珍珠和环扣上,如图 8-171 所示。

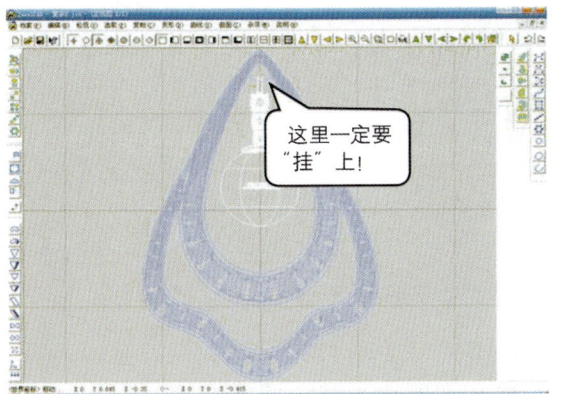

图 8-171 连接珍珠和环扣

反复检查

这里一定要注意在侧视图中反复检查,直至确定环扣完全挂住方可。

08 接下来给项链配上链子即可,选择"档案 > 资料库"菜单命令,在 Parts1 中调出合适链子(软件自带),如图 8-172 所示。

图 8-172 项链完成图

耳环的建模步骤

01 按照之前制作项链的步骤,制作小号尺寸的耳环造型主题部分。制作完成后镶嵌宝石,如图 8-173 所示。

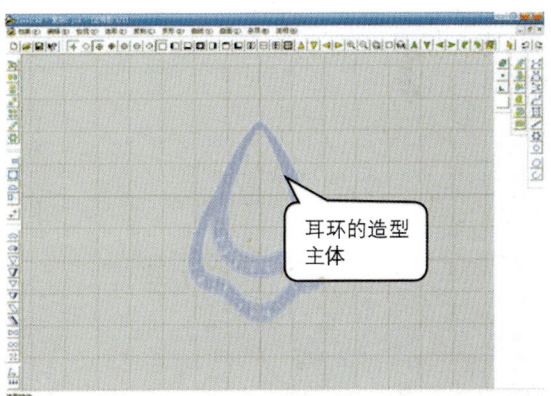

图 8-173 耳环造型

02 渲染后的效果如图 8-174 所示。

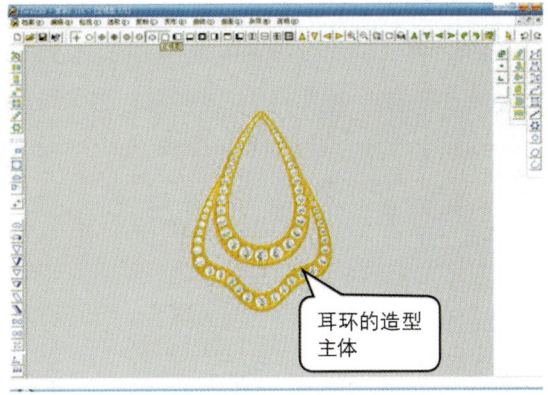

图 8-174 耳环渲染效果图

03 选择"档案 > 资料库"菜单命令,在 Seetings 中调出适合安放在耳环上的珍珠(软件自带),进行环扣的制作和放置,如图 8-175 所示。

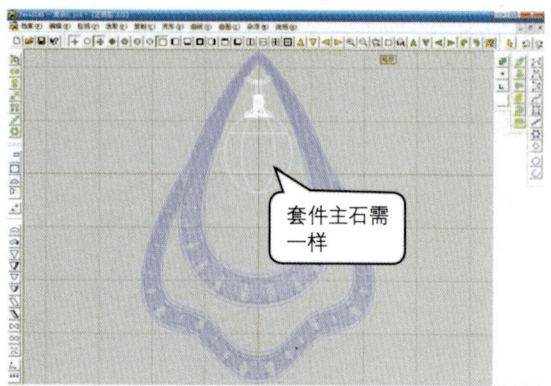

图 8-175 放置珍珠

04 渲染效果图,如图 8-176 所示。

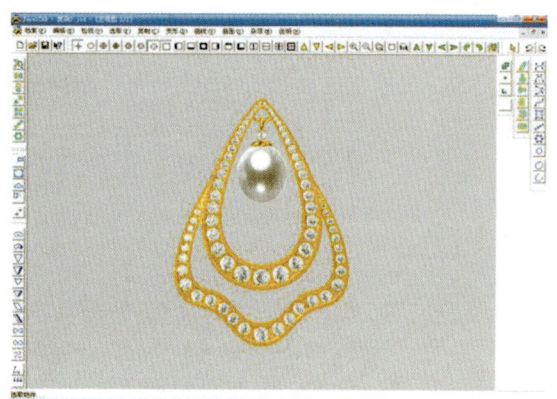

图 8-176 渲染耳环效果图

05 接下来,给耳环安上耳扣即可,从"资料库"中调出耳扣,需要制作另一个环扣来进行连接,所以,按照上一部分中讲到的制作环扣的方法制作一个圆环并与耳坠连接在一起,如图 8-177 所示。

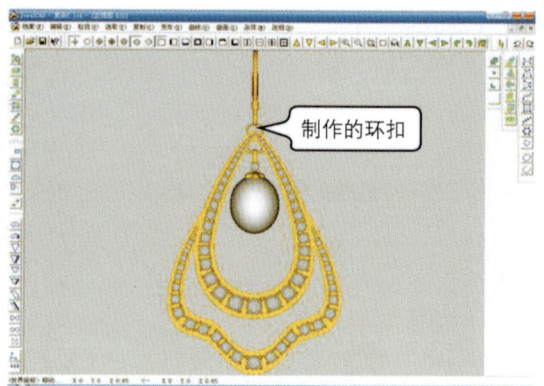

图 8-177 制作环扣

06 这样耳环就制作完成了,选择"复制 > 左右复制"命令,左右复制一对即可,如图 8-178 所示。

图 8-178 左右复制

戒指的建模步骤

01 同样的,仍然以两层的主题造型来进行戒指的设计模型制作,首先做好主体造型部分,如图 8-179 所示。

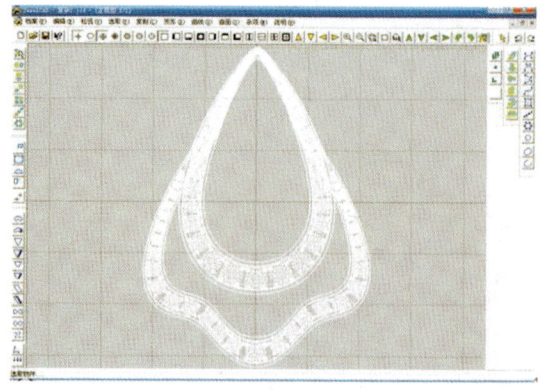

图 8-179 戒指建模

02 戒指因为佩戴的特殊性和造型的关系，这里选择镶嵌一颗梨形的宝石。选择"档案＞资料库"菜单命令，在 Seetings 中调出梨形宝石的模型（软件自带），如图 8-180 所示。

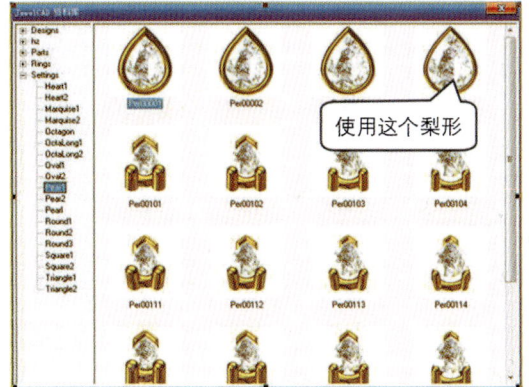

图 8-180 梨形宝石

03 调出宝石模型后，将视图调至正视形态，如图 8-181 正视形态所示；

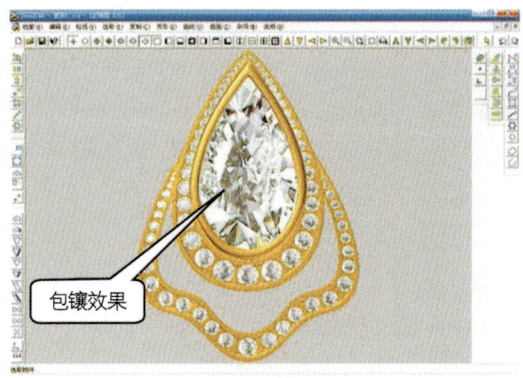

图 8-181 正视形态

04 对制作好的花头部分执行"变形＞反转"命令，将其向上反转 90°，如图 8-182 所示。

图 8-182 反转

05 返回顶视图中，我们可以看到花头形态的全貌，如图 8-183 所示。

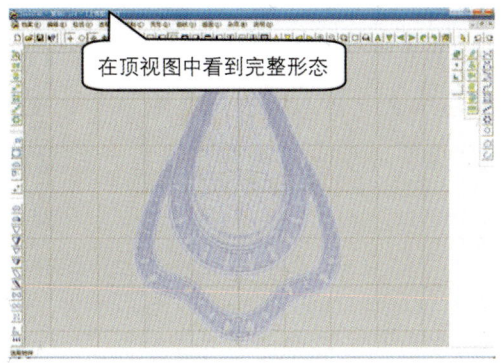

图 8-183 顶视图

制作戒圈

01 下面开始制作戒圈部分，返回正视图，选择"档案＞资料库"菜单命令，在 Rings 中，调出戒指圈（软件自带），如图 8-184 所示。

图 8-184 "Jewel CAD 资料库"对话框

02 在正视图、侧视图、顶视图中分别进行调整，直至与花头部分完全吻合，如图 8-185 所示。

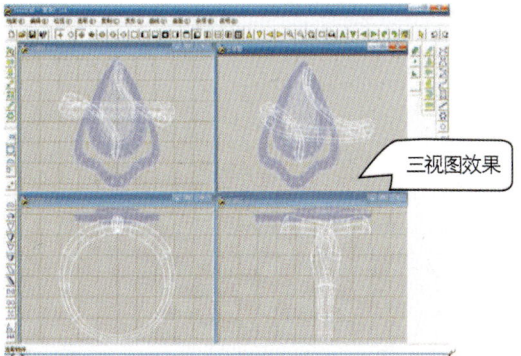

图 8-185 调整戒圈位置

137

03 渲染戒指效果图，如图 8-186 所示。

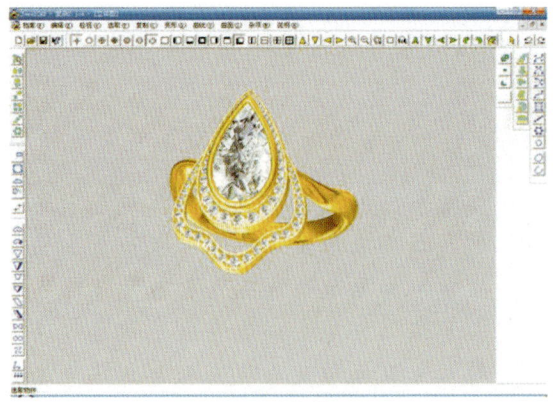

图 8-186 戒指效果图

最后将建模完成的首饰三件套组合到一起，最终完成复杂套件《巴黎魅影》设计，如图 8-187 所示。

图 8-187 最终三件套效果

8.5.3 复杂套件《轮》首饰建模

8.5.3.1 灵感来源

《轮》的设计中，以齿轮图案为创作元素，命运之轮不停旋转，像个不解之谜。

8.5.3.2 设计变形

对齿轮图案加以提炼、改造和再应用，使首饰充满浓郁的自然风情，又富有鲜明的时代特色。简而不陋，既体现自然艺术热情浓郁的风格特征，又凸显现代首饰的简洁朴素时代特色。

8.5.3.3 设计创作

通过对这套首饰的观察，我们发现有一个相同的基本元素。建模时，可先对基本形状进行建模，再依次添加耳钩、链子、别针等，完成整套首饰的建模，效果如图 8-188 所示。

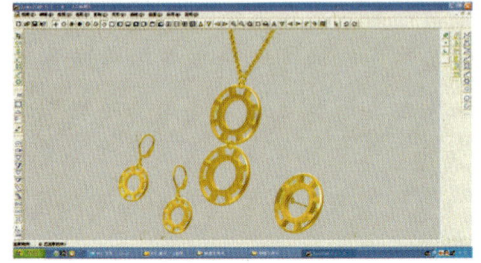

图 8-188 效果图

8.5.3.4 单件首饰建模

圆形曲面的建模

01 选择"检视 > 网格设定"菜单命令，将"网格距离"设为 1mm，如图 8-189 所示。

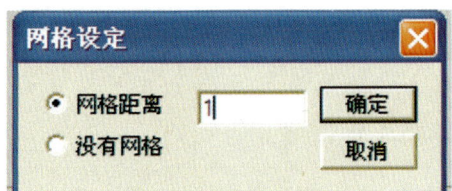

图 8-189 "网格设定"对话框

02 选择正视图视窗，选择"曲线 > 圆形"菜单命令，弹出"圆形曲线"对话框，如图 8-190 所示，设置直径为 20mm，控制点数为 6，绘制曲线，如图 8-190 所示。

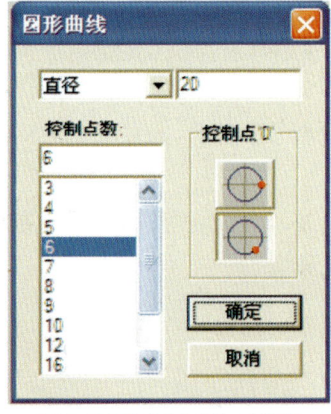

图 8-190 "圆形曲线"对话框

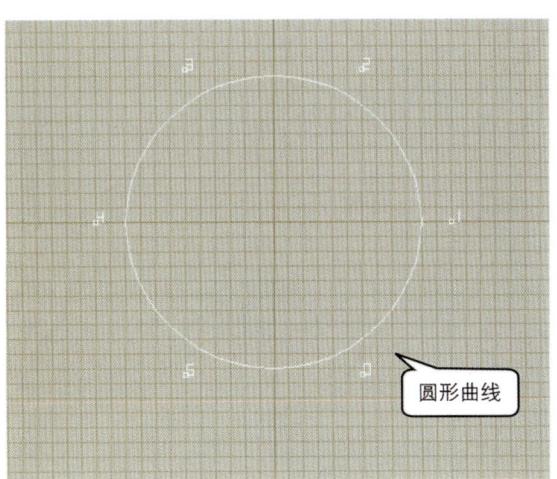

图 8-191 绘制曲线

03 选择右视图视窗，执行"移动"命令，把曲线向左移到 1.0mm，如图 8-192 所示。

图 8-193 左右复制

05 选择"曲面 > 线面连接曲面"菜单命令，制作曲面，如图 8-194 所示。

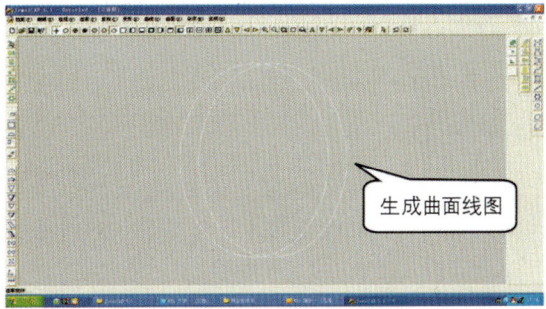

图 8-194 生成曲面

06 选择"编辑 > 展示 CV"菜单命令，展示曲面上的 CV 节点，如图 8-195 所示。

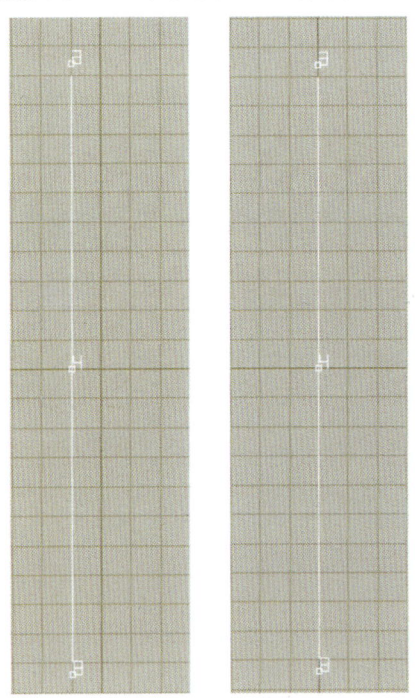

图 8-192 移动圆形曲线

04 执行"复制 > 左右复制"命令，复制曲线，如图 8-193 所示。

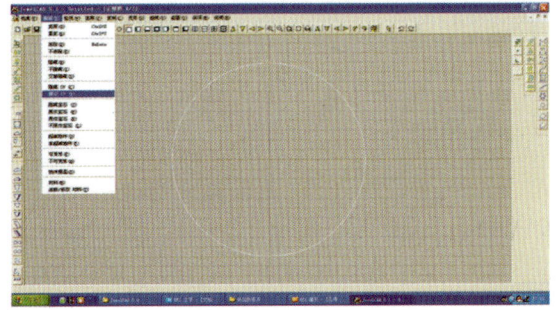

图 8-195 展示 CV 节点

07 选择"曲面>增加控制点"菜单命令,在UV方向增加2倍CV点,如图8-196所示。

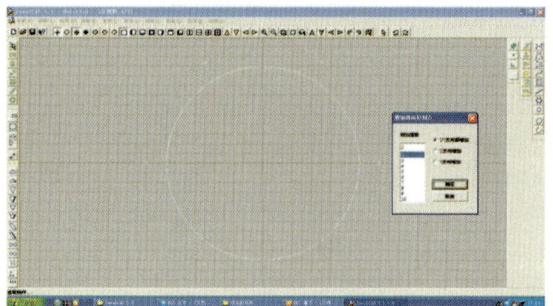

图 8-196 增加 CV 节点

08 在右视图中,选择"选取>选点"菜单命令,选中曲面上左侧的所有控制点,如图8-197所示。

图 8-197 选择控制点

09 在正视图中,选择"变形>尺寸"命令,单击鼠标左键,把前面的曲面缩小,如图8-198所示。

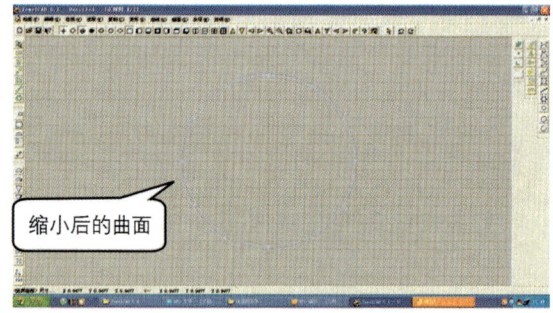

图 8-198 缩小曲面

10 用同样的方法,制作圆形的另外一个曲面,如图8-199所示。

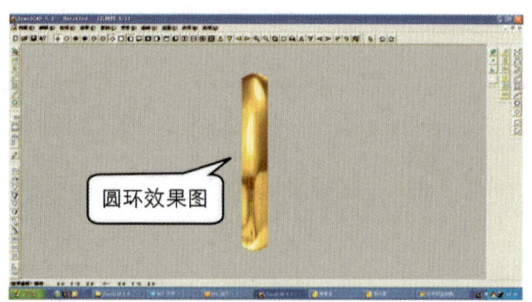

图 8-199 曲面的制作

扇形曲面的建模

01 选择正视图视窗,选择"曲线>圆形"菜单命令,弹出"圆形曲线"对话框,如图8-200所示,设置直径为10mm,控制点数为6,绘制出圆形,如图8-201所示。

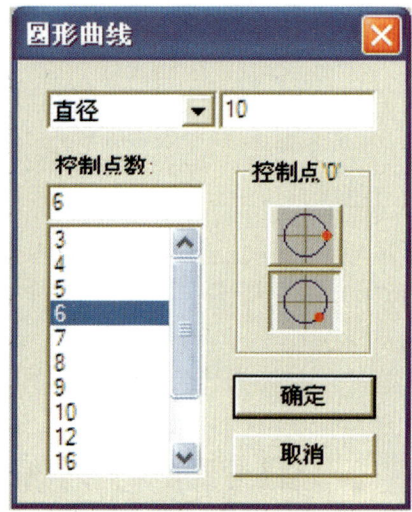

图 8-200 "圆形曲线" 对话框

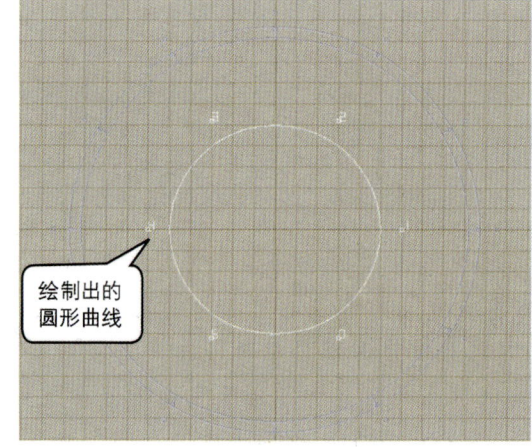

图 8-201 绘制圆形曲线

02 在右视图中,执行"移动"命令,把圆向左移动 2mm,再选择"复制 > 左右复制"命令,复制曲线,如图 8-202 所示。

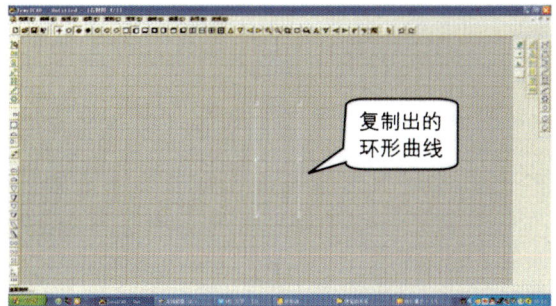

图 8-202 复制曲线

03 选择"曲面 > 线面连接曲面"菜单命令,制作出曲面,如图 8-203 所示。

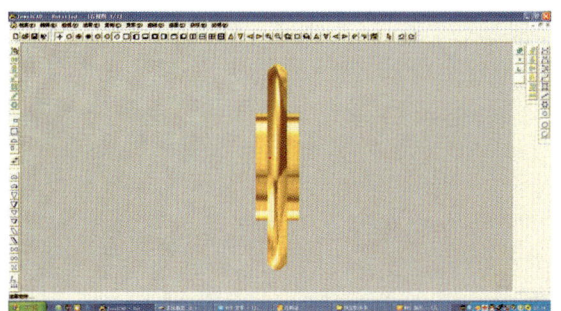

图 8-203 制作曲面

04 在正视图中,选择"曲线 > 圆形曲线"菜单命令,分别绘制直径为 1.6mm 与 0.5mm 的圆,隐藏其 CV 节点,确定其距离,如图 8-204 所示。

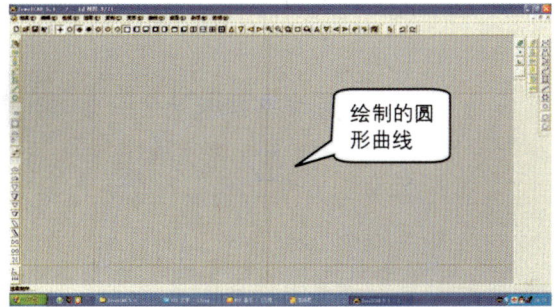

图 8-204 绘制圆形曲线

05 在正视图中,执行"左右对称线"与"封口曲面"命令绘制曲面,如图 8-205 所示。

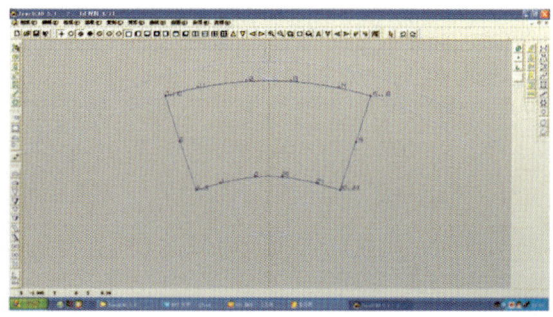

图 8-205 绘制曲面

06 在右视图中,执行"移动"命令,把曲面向左移动 2mm,如图 8-206 所示。

移动前　　　　　　　　移动后

图 8-206 移动曲面

07 选择"复制 > 左右复制"命令,复制曲线,如图 8-207 所示。

图 8-207 左右复制曲线

08 选择"曲面 > 线面连接曲面"菜单命令,制作出曲面,如图 8-208 所示。

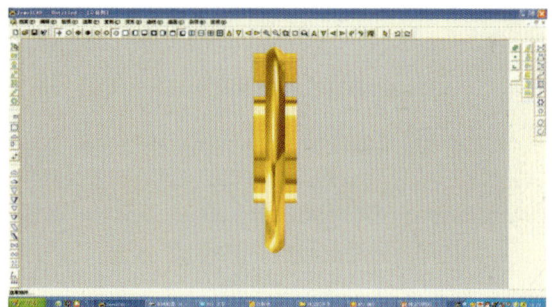

图 8-208 制作曲面

09 在正视图中,选择"复制 > 环形复制"命令,设置复制数目为 8,如图 8-209 所示。

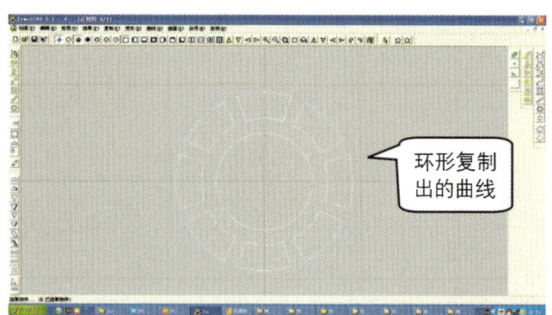

环形复制出的曲线

图 8-209 环形复制

10 选择圆内的所有块状体,选择"杂项 > 布林体 > 联集"菜单命令,把曲面联集起来,如图 8-210 所示。

联集后的曲面

图 8-210 联集曲面

镂空的建模

选择"杂项 > 布林体 > 相减"菜单命令,做出镂空效果,如图 8-211 所示。

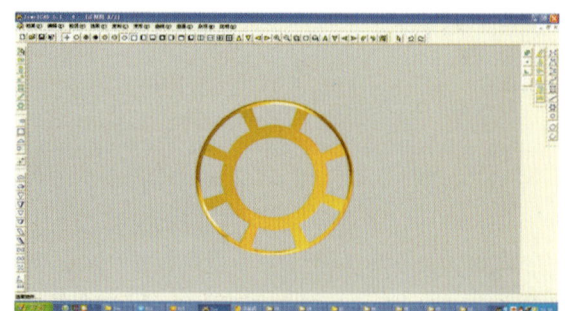

图 8-211 镂空效果

耳环的建模

01 选择"档案 > 资料库"菜单命令,导入耳钩的配件(软件自带),如图 8-212 所示。

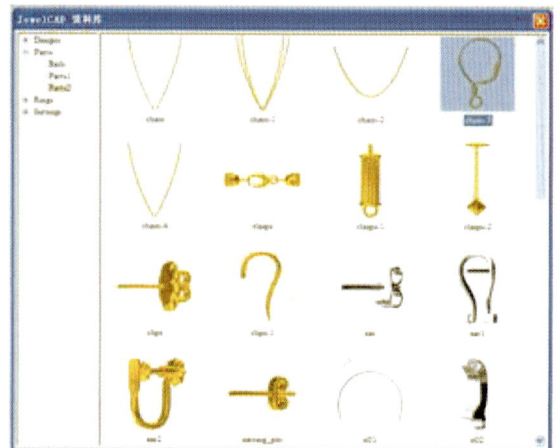

图 8-212 "JewelCAD 资料库"对话框

02 导入耳环配件后,执行"移动"命令将其移动到合适的位置,如图 8-213 所示。

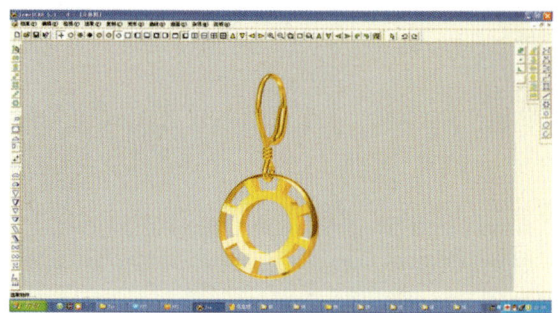

图 8-213 耳环完成图

吊坠建模步骤

① 在正视图中，选择"曲线>圆形"菜单命令，弹出"圆形曲线"对话框，分别创建直径为 2mm、1.5mm 的圆。在侧视图中，把 2mm 的圆向左偏移 0.3mm，进行左右复制，执行"导轨曲面"命令，选择"双导轨"区域中的"合比例"和"切面"区域中的"单切面"单选按钮，选择"切面量度"区域中的"底面双导轨"单选按钮，如图 8-214 所示。

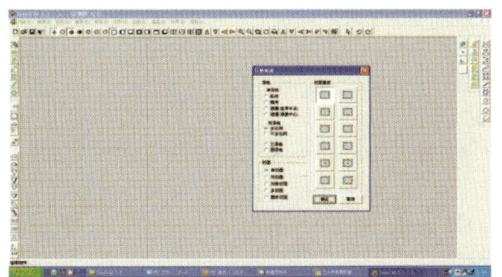

图 8-214 绘制圆形曲线

② 在正视图中，选择"复制>反转复制>反左"菜单命令，把两个圆圈调整至相应位置，如图 8-215 所示。

图 8-215 最终效果图

③ 在正视图中，选择"复制>剪贴"菜单命令，执行"剪贴复制"命令，选择"档案>资料库"菜单命令，导入链子的配件（软件自带），将链子调整至相应位置，完成吊坠制作，如图 8-216 所示。

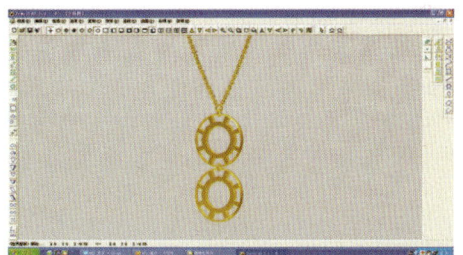

图 8-216 吊坠完成图

胸针建模步骤

① 在上视图中，选择"档案>资料库"菜单命令，导入胸针的配件（软件自带），如图 8-217 所示。

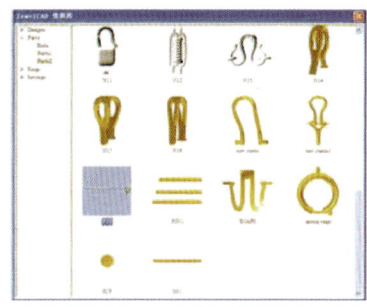

图 8-217 "JewelCAD 资料库"对话框

② 选中别针，选择"变形>反转>反上"菜单命令，将物体向上反转 90°，执行"尺寸"命令，调整别针的大小，使其与主体物体相适合，如图 8-218 所示。

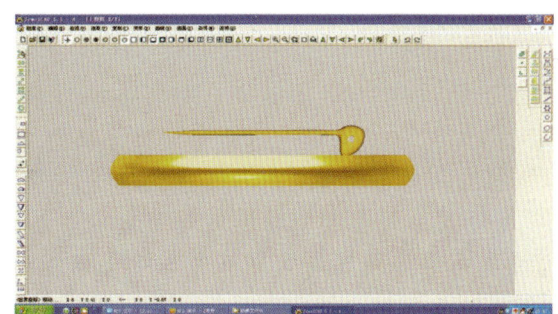

图 8-218 调整别针的位置

③ 在右视图中，在侧面相应的位置上，选择"曲线>任意曲线"菜单命令，绘制出一条开口的曲线，将其作为管状曲面的导轨，选择"曲线>圆形曲线"菜单命令，绘制直径为 0.5mm 的圆，作为管状曲面的切面，如图 8-219 所示。

图 8-219 绘制曲线

④ 选择"曲面 > 管状曲面"菜单命令,弹出"管状曲面"对话框,选择"单切面"单选按钮,其余均保持默认设置,单击圆形切面,生成导轨曲面,如图 8-220 所示。

图 8-220 生成导轨曲面

⑤ 将视图调整到背视图中,调整锁扣的位置,切到立体图视窗,胸针完成,如图 8-221 胸针完成图所示;

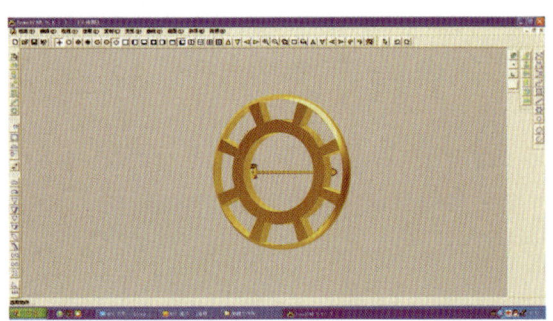

图 8-221 胸针完成图

⑥ 为了使此款设计有更好的效果,我们还可以将做好的首饰套件导入到 Photoshop 中进行处理,处理后的效果如图 8-222 所示。

图 8-222 轮效果展示图

最终复杂套件《轮》首饰效果图如图 8-223 所示。

图 8-223 最终效果图

到此,此套设计制作完毕。

04 JewelCAD珠宝首饰设计中级进阶指导

PART

学习建议

本章节主要介绍 JewelCAD 珠宝首饰设计中级进阶内容，通过此章节的学习，对此软件有更深层次的了解。在掌握好 JewelCAD 的基本菜单以及操作命令的同时，中级进阶内容也尤为重要。

重点案例

螺旋曲线的应用

更换新材料

学习目标

- 了解导轨和切面量度的关系
- 学习 UV - Map 映射命令的应用

CHAPTER 09 JewelCAD 首饰设计进阶指导

本章学习时间
共80分钟，其中60分钟学习JewelCAD珠宝首饰设计中级进阶练习内容，剩余20分钟自行独立设计。

本章学习要点
1. 了解导轨和切面量度的关系
2. 熟练掌握如何创建或修改新的材料
3. 自己设计一套首饰

9.1 导轨和切面量度的关系

"导轨曲面"命令是 JewelCAD 5.1 中应用最广泛的命令，我们在制作曲面可以通过这个命令来实现。它的原理是将一个切面或者几个切面沿着一条导轨（曲线）或者几条导轨扫描成曲面。选择"曲面 > 导轨曲面"菜单命令，弹出"导轨曲面"对话框，如图 9-1 所示，在对话框中选择需要的切面量度、导轨属性和切面属性，而切面量度决定了将切面放置到导轨上的方向。

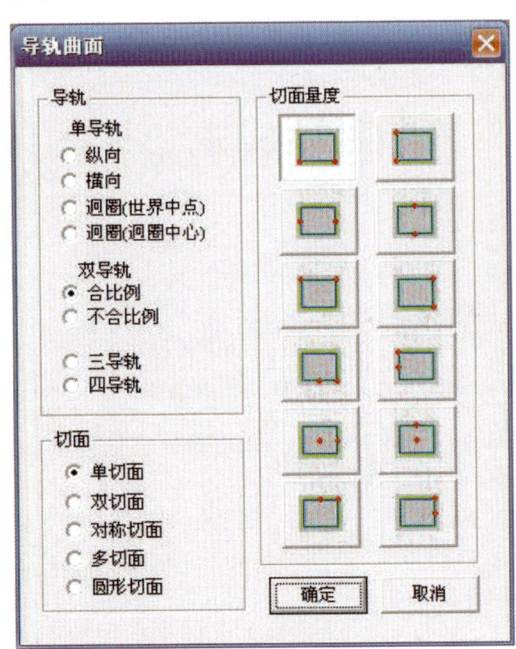

图 9-1 "导轨曲面"对话框

> **设计师点拨**
> **"导轨曲面"与"切面量度"的关系**
> "导轨曲面"命令在制作首饰建模的过程中，常用的命令，导轨与切面的量度是紧密相连的，在应用"导轨曲面"命令时，导轨和切面量度是必须选择的。

在"导轨曲面"对话框中，包含"导轨"、"双导轨"、切面、以及"切面量度"等选项，那么在"切面量度"中 12 种切面量度个代表着什么含义呢？下面我们来一一解答。

A、□ 导轨在切面两侧的底部；

B、□ 导轨在切面的两侧的中间；

C、□ 导轨在切面上部的左侧和右侧；

D、□ 导轨在切面下部的中间和右侧；

E、□ 导轨在切面中部的中间和右侧；

F、□ 导轨在切面上部的中间和右侧；

G、□ 导轨在切面左侧的上部和下部；

H、□ 导轨在切面中部的上部和下部；

I、□ 导轨在切面右侧的上部和下部；

J、□ 导轨在切面左侧的上部和中部；

K、导轨在切面中部的上部和中部；

L、导轨在切面右侧的上部和中部。

"UV-Map 映射"命令的实质作用是映射物体到曲面或线上，下面我们通过实例来说明这个命令的原理。

> **"切面量度"图形的含义**
> 在"切面量度"区域中不同的图标代表不同的切面量度的位置，它决定了切线放置到导轨上的方位。

9.2 "UV-Map 映射"命令的应用

范例一：映射方向从 0 节点左边开始

选择"档案 > 资料库 B"菜单命令，在"资料库 B"中选择一个圆形宝石（软件自带），然后再绘制一条弧形曲线，如图 9-2 所示。

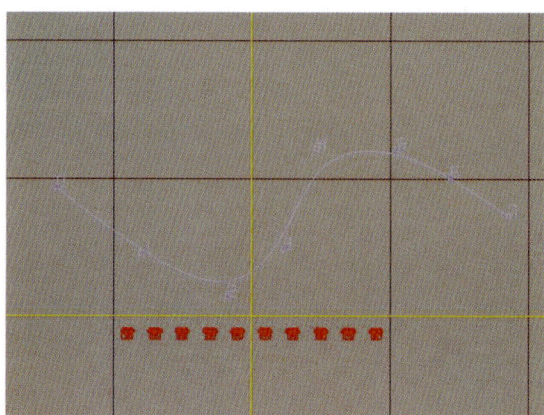

图 9-2 绘制曲线

> **映射方向的区别**
> 映射方向从 0 节点左边开始，映射的物体就不会改变方向。

在图示中，我们对一颗圆形宝石执行"直线复制"命令，直线复制出 10 颗宝石后，执行"UV-Map 映射"命令，如图 9-3 所示，可以将 10 颗宝石沿着圆形曲线整体排列，如图 9-4 所示，软件默认利用辅助线的曲线来决定映射的左右方向。

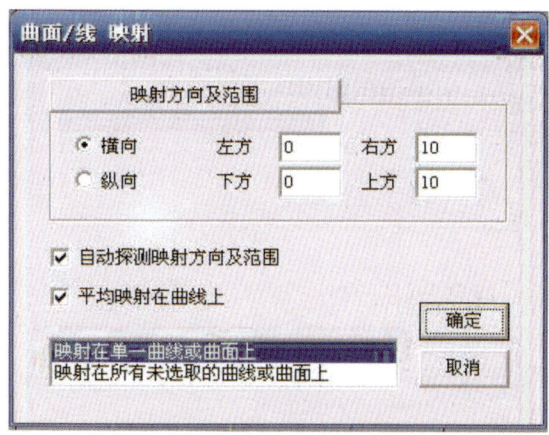

图 9-3 "曲面/线 映射"对话框

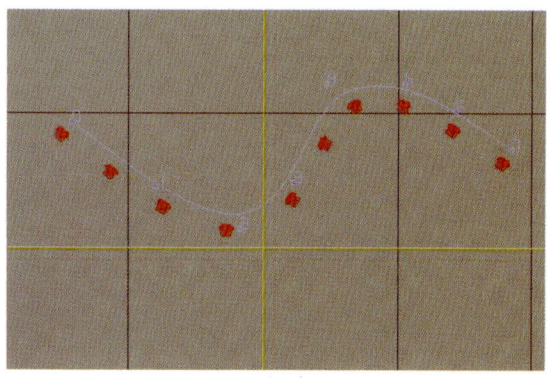

图 9-4 排列宝石

范例二：映射方向从 0 节点右边开始

选择"档案 > 资料库 B"菜单命令，在"资料库 B"中选择一个圆形宝石（软件自带），然后绘制一条弧形曲线，如图 9-5 所示。

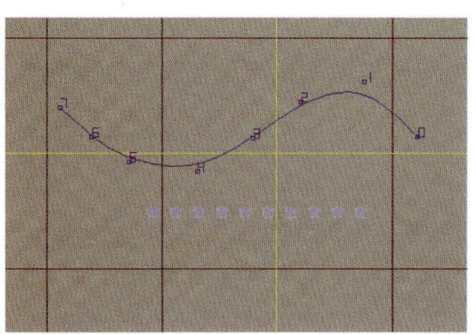

图 9-5 绘制曲线

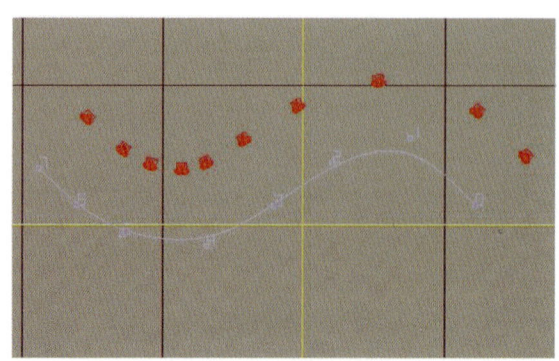

图 9-7 排列宝石

映射方向的区别

映射方向从 0 节点右边开始，映射的物体会改变方向，翻转过来。

"曲面/线 映射"原理

如果选择"映射到单一曲线或曲面上"选项，当对话框关闭，需要在视图上选定一个曲线或曲面，物体会映射上去。选择"映射到所有未选取的曲线或曲面上"选项，会映射到所有未选取的曲线或曲面上，如果有多个，则物体会复制出多份，以保证每个曲线或曲面都映射上去。

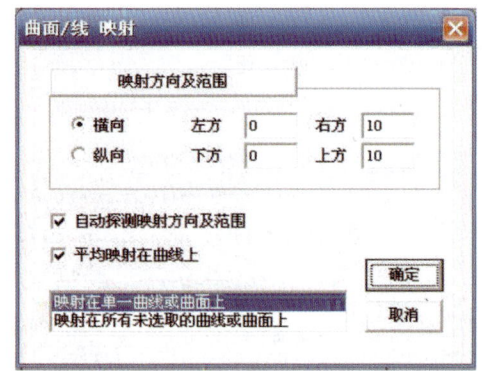

图 9-6 映 "曲面/线 映射" 对话框

9.3 螺旋曲线的应用

选择"曲线 > 螺旋"命令，弹出"螺旋曲线"对话框，其中各参数的含义如下。

半径 1：用于设置螺旋线起始处的半径。
半径 2：用于设置螺旋线结束处的半径。
长度：用于设置螺旋线的总长度。
回圈数目：用于设置螺旋圈的数目。
每圈 CV 数目：用于设置各回圈上的 CV 点数。
设置完所有的参数后，即可创建出一条螺旋线。

"螺旋曲线"对话框中其他参数的含义

"螺旋曲线"对话框中的"反时针"用于将螺旋旋转的 CV 节点方向按逆时针旋转，而"顺时针"用于将螺旋旋转的 CV 节点方向按顺时针旋转，在设置时，应注意它的旋转方向。

螺旋曲线实例：耳饰

01 选择"曲线 > 螺旋"命令，设置"螺旋曲线"对话框中的参数，如图 9-8 所示。

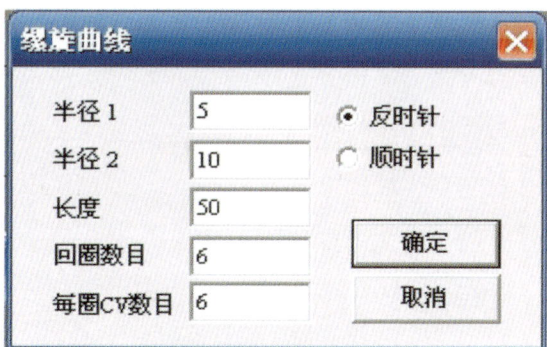

图 9-8 "螺旋曲线"对话框

02 选择"曲面 > 管状曲面"菜单命令,选择"管状曲面"对话框中的"圆形切面"单选按钮,将直径设置为 2,如图 9-9 所示。

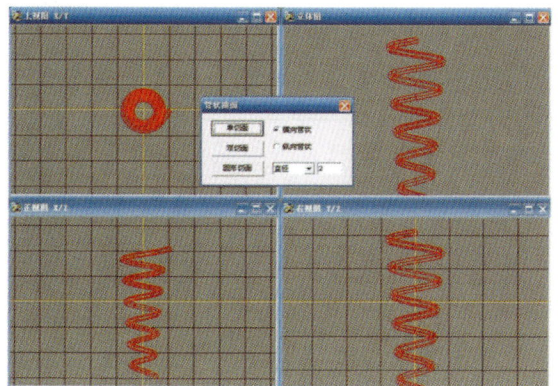

图 9-9 管状曲面

03 选择"档案 > 资料库"菜单命令,选择"资料库"中的耳饰中耳勾首饰部件(软件自带),执行"移动"命令,调整到合适的位置,如图 9-10 所示。

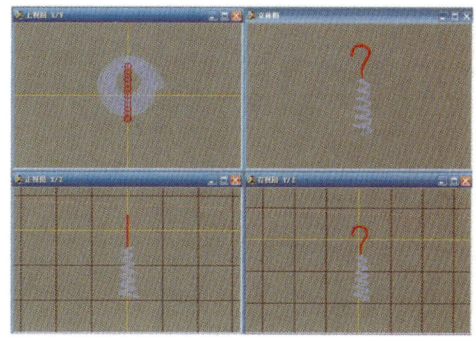

图 9-10 耳饰

04 最后选择"检视 > 光影图"菜单命令,渲染成光影图,存储视窗后,把图片导入 Photoshop 中,进行背景和效果的渲染,如图 9-11 所示。

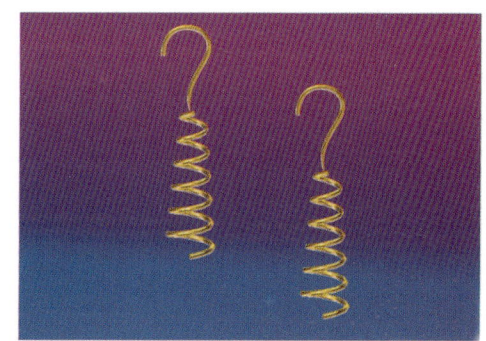

图 9-11 耳饰渲染效果图

9.4 添加新对象到资料库中

在"档案"菜单中,我们经常会用到"资料库"中的首饰部件,选择"档案 > 资料库"菜单命令,即弹出"JewelCAD 资料库"对话框,如图 9-12 所示,其中包含很多可选择的首饰零部件,比如戒指圈、各种形状的宝石琢型等,可以直接添加在正在设计制作的首饰中,有时如果想把自己设计好的首饰放入材质库中以便以后直接调用,那该怎么办呢?下面教大家如何把设计好的首饰文件放入资料库中。

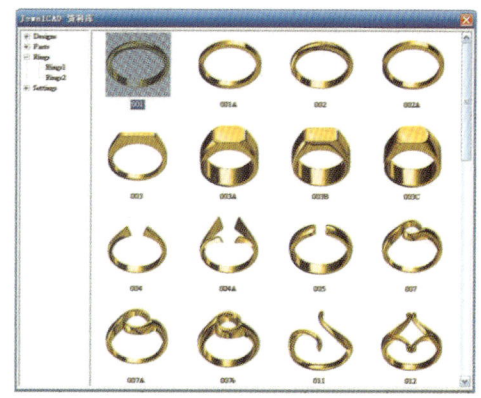

图 9-12 "JewelCAD 资料库"对话框

① 首先把设计制作好的首饰文件（后缀名为 .jcad）放入 JewelCAD 资料库目录中，如图 9-13 所示。

图 9-13 资料库目录

图 9-14 位图目录

资料库的分类

资料库可以分得更详细些，这样便于查找，可提高使用效率。

② 应该先生成一个位图文件，以便 JewelCAD 资料库对话框中能显示出缩略图，同时位图的名称和首饰文件的名称相同，注意尽量不要使用中文名称，以免出现乱码。位图的存储方式比较简单，设计好首饰文件后，选择"杂项 > 存光影图"命令产生位图文件，最好将位图的文件解析度设置成 100×100，如图 9-14 所示。

增加资料的简便方法

只要保存一个 jpg 文件与一个 bmp 文件，将两个相同名称的文件放在软件的安装目录下的 Database 文件夹中，就可以产生一个新的资料文件。

③ 此时，返回到资料库中，就可以找到我们放进去的首饰文件，如图 9-15 所示。

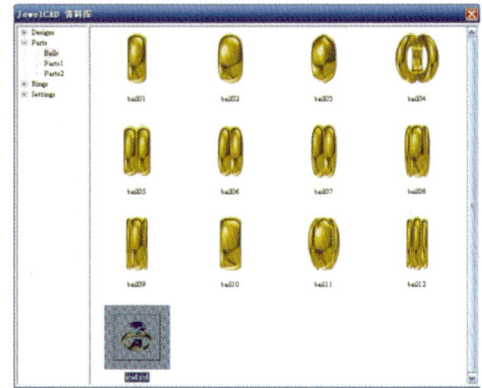

图 9-15 查看新的首饰文件

9.5 创建或修改新的材料

若要创建或修改新的材料，则选择"编辑 > 材料"与"编辑 > 造新/修改材料"菜单命令，弹出"JewelCAD 材料"对话框与"Creat/Edit Material"对话框，如图 9-16 与图 9-17 所示。

图 9-16 "JewelCAD 材料"对话框

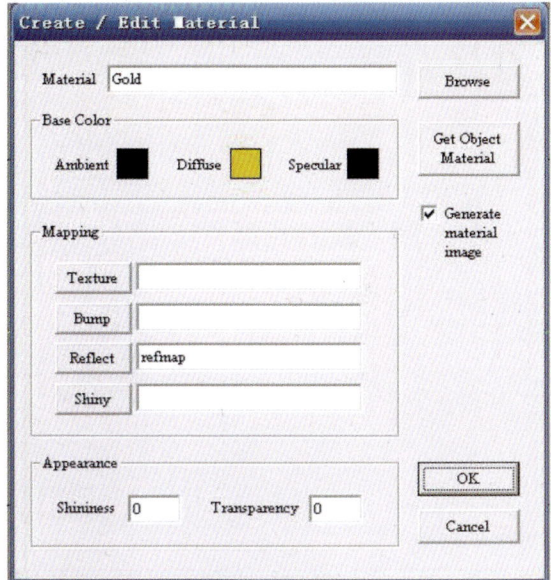

图 9-17 "Creat/Edit Material" 对话框

格式文件名的重要性

造新材料必须有新材料的 BMP 格式图片以及 MTL 格式的材料文件，并且两个格式文件的名称要一样。

在 JewelCAD 材料"对话框，选择"Browse"按钮，我们可以看到每一个材料都有两个相同的文件名称，如图 9-18 所示；

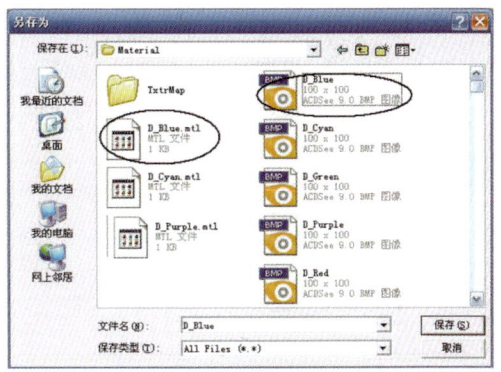

图 9-18 名称相同

创建好的文件可以直接保存在该文件夹中，也可以在该文件夹下新建文件夹，我们可以在网站、书籍和资料上查找到新材料，只要把相同名称的两个文件放入该文件夹中，即可使用新材料了。

范例：更改戒指材质

01 找到一个新的 BMP 格式的图片，如图 9-19 所示，将其放在 Material 文件夹中。

图 9-19 新图片文件

02 制作一枚女士戒指，将戒指的台面变成铂金的材质，如图 9-20 所示。

图 9-20 铂金戒指顶视图

转换文件的重要性

在已有 BMP 文件的情况下，将此文件变换为 MTL 文件是关键所在。

03 将材料的名字改为"1122"，再将 Reflect 中存好的新图片打开，然后选择"material"中"粉色花纹"文件，最后单击"OK"按钮，保存该 MTL 文件，如图 9-21 所示；

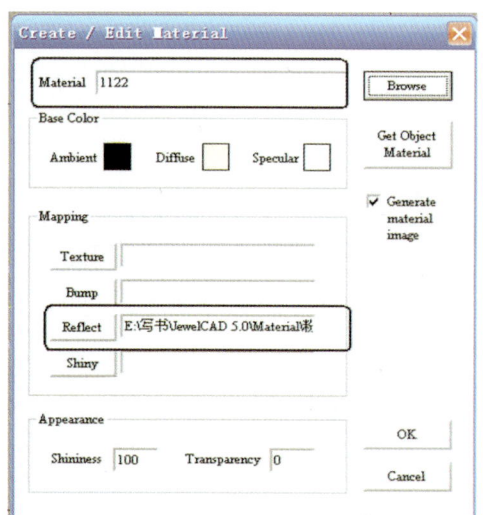

图 9-21 MTL 文件

04 保存好 MTL 文件后，如图 9-22 中的新材料所示，图中的 就是创建的新材料文件。

图 9-22 新材料

材料的分类存储

在资料库中可以新建多个文件夹，将金属材料分门别类，使用起来会更加方便和快捷。

05 最后将戒指的台面换成新材料，如图 9-23 所示。

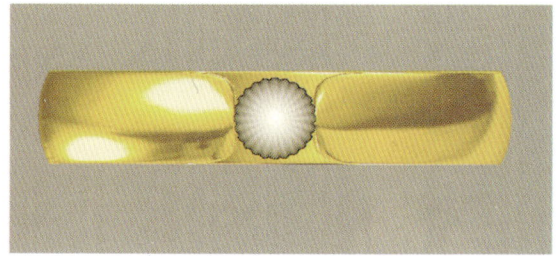

图 9-23 更换新材料

附录 1

戒指的国际尺寸

指圈编号	直径（mm）	周长（mm）
2.0	12.6	39.6
3.0	12.9	40.5
4.0	13.3	41.8
5.0	13.7	43.0
6.0	14.1	44.3
7.0	14.4	45.2
8.0	14.8	46.5
9.0	15.1	47.4
10.0	15.4	48.4
11.0	15.8	49.6
12.0	16.1	50.6
13.0	16.5	51.8
14.0	16.9	53.1
15.0	17.2	54.0
16.0	17.6	55.3
17.0	17.9	56.2
18.0	18.3	57.5
19.0	18.6	58.4
20.0	19.0	59.7
21.0	19.2	60.3
22.0	19.5	61.2
23.0	19.9	62.5
24.0	20.2	63.4
25.0	20.7	65.0
26.0	21.0	66.0
27.0	21.3	66.9
28.0	21.6	67.8
29.0	22.1	69.4
30.0	22.6	71.0
31.0	22.9	71.9
32.0	23.1	72.5
33.0	23.5	73.8

附录 2

圆钻型切割宝石尺寸

圆钻型切割宝石的大小以克拉为单位，1 克拉为 0.2 公克，由于钻石的切割比率较固定，可依据钻石的直径或长度来得出它的重量。

重量（ct）	直径（mm）
0.2ct	3.8mm
0.1 ct	3.0mm
0.05 ct	2.5mm
0.04 ct	2.2mm
0.033 ct	2.0mm
0.025 ct	1.8mm
0.02 ct	1.72mm
0.014 ct	1.56mm
0.01 ct	1.35mm
0.007 ct	1.15mm

附录 3

生日石、结婚周年纪念宝石

生日石

月份	宝石	象征意义
一月	石榴石	忠诚、友爱、贞洁、运气
二月	紫晶	忠诚、心平气和、心地善良
三月	海蓝宝石	幸福、勇敢、沉着
四月	钻石	纯洁、无瑕、爱情
五月	祖母绿	幸福、忠诚、善良
六月	珍珠、月光石	健康长寿、荣华富贵
七月	红宝石	智慧、爱情、幸福
八月	橄榄石	夫妻幸福、高贵、希望
九月	蓝宝石	忠诚、坚贞、诚实、慈爱
十月	欧珀	安乐、平安
十一月	托帕石	友爱、幸福
十二月	绿松石、锆石	胜利、成功、好运

附录

结婚周年纪念宝石

周年	纪念宝石	周年	纪念宝石
1周年	淡水珍珠或金饰	15周年	红宝石
2周年	石榴石	16周年	瑚珀或橄榄石
3周年	珍珠	17周年	孔雀石
4周年	粉水晶或黄玉	18周年	虎睛石
5周年	蓝宝石	19周年	海蓝宝石
6周年	紫水晶	20周年	祖母绿
7周年	黑玛瑙	25周年	纯银
8周年	东陵玉或碧玺	30周年	玉
9周年	青金石	35周年	珊瑚
10周年	钻石珠宝	40周年	红宝石
11周年	土耳其石或黑瞻石	45周年	蓝宝石
12周年	翡翠	50周年	黄金
13周年	黄水晶	55周年	金绿宝石
14周年	蛋白石		

附录 4

首饰常用计量单位的换算

足金首饰

以成色为 990‰ 的黄金制作成的首饰。足金中成色为 999‰ 的称为千足金,是足金首饰中成色最高的。

K 金首饰

把纯金的成色分为 24 份,每一份标记为 1K,24K 即纯金。18K 金的成色是 18/24,即 750‰,9K 的成色为 375‰。K 金一般分为 22K、18K、14K、9K。

银首饰

成色 990,通常成色 925,人们称之为"标准银"。

钻石

钻石以克拉为重量单位,一克拉等于 0.2 克,一克拉可分成 100 份,四分之一为 25 份。

1 克拉 =0.2 克

1 克拉 =100 份

1 珠克 =0.25 克拉

1 珠克 =0.05 克

1 金衡盎司 =31.1035 克

1 金衡盎司 =480.0000 喱

1 常衡盎司 =28.3495 克

1 常衡盎司 =0.911458 金衡盎司

(香港)1 两 =37.429 克

(大陆)1 两 =31.25 克

1 英寸 =25.4 毫米

1 英寸 =2.54 厘米

1 钱 =3.743 克

24K=100% 金

20K=83.33% 金
22K=91.67% 金
18K=75% 金
14K=58.5% 金
12K=50% 金
9K=25% 金

1 克 =5 克拉
1 克 =20 珠克
1 拖拉 =0.375 金衡盎司
1 厘米 =0.3937 英寸
1 毫米 =0.03937 英寸
1 枚银元 =23.4375 克

附录 5

珠宝首饰的镶嵌方法

珠宝首饰一般分为贵金属首饰与镶宝类首饰，设计宝石镶嵌首饰的时候，既要考虑其装饰美感又要考虑作品所承载的文化内容。运用金属镶嵌与非金属镶嵌工艺进行首饰设计或制作时，主要考虑不同金属或不同材料间的色彩、肌理的对比所表现出来的装饰效果。镶嵌类首饰如下图所示，广泛的镶嵌方法有如下几种。

1. 金属镶嵌

金属镶嵌包含金属的拼接组合、嵌接、错金、木纹金属等。

2. 嵌接非金属材料

非金属嵌接的材料包括木头、象牙、骨、塑料、树脂、玻璃和宝石等，把它们与金属结合的目的是产生色彩的对比、材质的对比和肌理效果的对比。

3. 宝石镶嵌

宝石的镶嵌包括三爪镶、四爪镶、六爪镶、包边镶、群镶、珍珠镶等。

镶宝类婚戒首饰

附录 6

常见贵金属表面处理方法

在首饰设计中，除了设计思维和技法对首饰的美观起到重要作用之外，金属的表面处理方法也可以使首饰在外观上锦上添花，使首饰变得更漂亮。常见的贵金属表面的处理方法有如下几种。

1. 錾花工艺

利用錾子把装饰图案錾刻在金属表面，通过敲打使金属表面凸起和凹陷，并且将图案的立体效果表现出来，这种做出浮雕的方法称为錾花工艺。

2. 压印

压印是一种肌理性质的装饰手法。压印只能在金属板的一个面上做出。各种压印的肌理主要由錾子上的花纹决定。

3. 雕刻

雕刻金属是一个对技术要求极高的工序。通过一把锋利的刻刀，在金属表面刻出线条组成图案。

4. 酸蚀

酸蚀是在金属表面将一些地方保护起来，用酸腐蚀掉未保护的地方，从而形成图案的方法。

5. 喷砂

喷砂是将金属首饰件按设计要求局部喷成麻面，使首饰的抛光面与喷砂面形成质感对比，以增强首饰表面装饰效果的一种工艺。

6. 做旧

首饰的外部可以通过化学处理，获得几种需要的或有趣的表面效果，这样的处理方法主要用在银首饰和铜首饰上，偶尔也用于金首饰上。

附录 7

宝石琢型刻面加工工艺

日常见到的宝石琢型主要分为：圆钻型宝石、祖母绿型宝石、水滴型宝石、马眼形宝石等，那么这么多的宝石是怎么研磨出来的呢？这就是宝石琢型刻面加工工艺的学问了，它主要是研究将宝石原料加工成成品的切磨加工方法和过程。主要研究的对象是：天然宝石、玉石、人造宝石、有机宝石等，加工时的设备主要是：加工机械、磨料、磨具、辅料等。

琢型加工的常用设备主要是：轮磨机、盘磨机、带磨机、滚磨机。常用的磨料分为天然磨料和人造磨料。天然磨料有金刚石、刚玉、石榴石、石英等；人造磨料有金刚石系、碳化物系、刚玉系等。磨具主要有切割磨具、研磨磨具以及抛光磨具。辅料包括水、皂化液、油、绿胶、红胶以及清洁剂等。

附录 8

流行时尚首饰设计图片欣赏

Jcad 设计作品

作品名称：星光灿烂
设计说明：在材质上使用黄金、铂金以及钻石，体现出高贵气质和美感。

作品名称：翠绿心情
设计说明：铂金与翡翠的结合是首饰设计中最完美的搭配之一，体现出翡翠的翠绿，更将铂金的材质质感体现得淋漓尽致。

附录

作品名称：中国情结

设计说明：作品在设计风格中主要体现出中国风的感觉，材质上运用黄金作为主要的材质，体现出喜庆的美感。

作品名称：喜庆节日

设计说明：此款设计主要用作婚庆婚典时新娘所佩戴的首饰，在设计中将心形的元素作为设计重点。

作品名称：翩翩彩蝶

设计说明：此作品以蝴蝶的翅膀为原型展开设计，主要以铂金来诠释首饰的质感。

作品名称：旋转

设计说明：此款设计在造型上主要运用了旋转的方式，给整个首饰带来灵动活泼的感觉。

附录

作品名称：春之旋律

设计说明：作品结合运用珍珠与黄金，体现出典雅大方的气质，适合在庆典、晚宴等场合佩戴。

作品名称：魅族

设计说明：黑与黄的强烈对比，充满了诱惑与鬼魅，使此套首饰具有神秘的美感。

附录

作品名称：几何
设计说明：运用几何的造型来体现生活中的多姿多彩和背后所蕴涵的故事。

作品名称：公主的假日
设计说明：此款设计主要运用"公主方"型钻石来呈现首饰的典雅与美感。

作品名称：玫瑰礼赞
设计说明：此设计背景采用玫瑰花，主要体现出首饰的精致与独到。

作品名称：错落的美感
设计说明：使用方形叠加的形式体现出错落的美感，在造型上给人耳目一新的感觉。

附录

作品名称：回忆

设计说明：整幅画面体现出迷离的感觉，作品使人联想到一些过往的回忆。

作品名称：随风起舞

设计说明：运用柔和的线条进行设计，有着随风起舞的感觉，使整套首饰看起来更灵动、更典雅。

附录

作品名称：旋转芭蕾

设计说明：此套设计主要利用对比和叠加的设计方式，其中加以珍珠来点缀，更体现出首饰的高贵美感。

作品名称：梦幻世界

设计说明：看似简单的设计、巧妙的构思，使整套首饰有着梦幻般奇妙感觉。

附录

作品名称：花之影
设计说明：设计元素来自于花瓣的造型，体现出首饰的花之美感。

作品名称：福

设计说明：整套首饰洋溢着幸福与和谐的感觉，适合结婚时佩戴。

作品名称：围城

设计说明：黄金与钻石的结合，体现出首饰多样的美感，在设计风格上如同固若金汤的围城一般坚固耐用。

附录

作品名称:火彩

设计说明:特大号的宝石体现出首饰价值的昂贵,在耀眼的阳光下闪闪发亮,给人以过目不忘的感觉。

作品名称：炫目

设计说明：特大号的宝石体现出首饰的昂贵，在月光映射下闪闪发亮，给人以目眩神迷的感觉。

作品名称：欧式复古

设计说明：整套设计以黄金为元素，在风格上采用几何造型，体现出欧式复古的感觉。

附录

作品名称：祈福

设计说明：整套设计以"祈福"为主题，体现出人们对美好愿望的祝福与希望。

作品名称：花开之后
设计说明：此款首饰体现了刚、柔和点线面的生动结合，创造出现代化的气息。线条简单明了却不失华丽，更与女性的曲线美相结合，适合年轻女性佩戴。

作品名称：美好世界
设计说明：此款首饰体现出春天的气息，给人以纯净呼吸的清爽感觉。

附录

作品名称：百花丛中

设计说明：蝴蝶与花卉的结合是完美的结合，此套首饰在其中相得益彰。

作品名称：花开

设计说明：以深色作为主色调，沉稳神秘。该设计较简洁，主要以铂金为材料，镶嵌红宝石，花具有与生俱来的典雅风格，在铂金的衬托下更为突出。

作品名称：夕阳天使

设计说明：此套设计结合运用黄金与钻石，体现出大气婉转的风格。

附录

作品名称：珊瑚海

设计说明：当珊瑚与珍珠邂逅，编织出绚丽夺目的海洋世界，同时它流淌着两股截然不同却又高贵契合的力量，向人展示了其动感与奢华共存的极致魅力。巧妙运用渐变的和谐配色，用珊瑚与K金大胆地结合在一起，色彩对比强烈，尝试简单的混合材质搭配。

作品名称：水蛰

设计说明：以海里的水蛰为原型，利用其弯曲扭转的特性加以创作。以黄金为主材料，镶嵌多颗钻石，与深蓝色的沉着背景融洽和谐。

作品名称：陶醉

设计说明：男士吊坠采用S流线型，适合男士佩戴，简单图形拼凑出的款式，配以黑色的绳子。耳钉以爱心为设计元素，蓝红宝石的结合，颇有丘比特爱心之箭的感觉。戒指采用锁链环形设计，配以中等大小的钻石，突显男士的刚毅。

作品名称：起舞

设计说明：随时变幻的舞动精灵，闪烁宝石如精灵的眼睛一般，散发出神秘高贵的光芒，仿佛进入一个跳跃的静止世界。

附录

作品名称：蝶恋花

设计说明：此黄金三件套包括项链、耳坠、手镯。以花瓣为造型元素，流畅的线条以及挂坠方式，表现了温婉、含蓄的风格。

作品名称：中国颂

设计说明：本作品的主题为中国颂，主要采用了铂金跟玛瑙为材料，表现以中国风为特色的三件套，包括耳坠、发簪、项链，红色象征着温馨与浪漫，铂金象征着永恒。

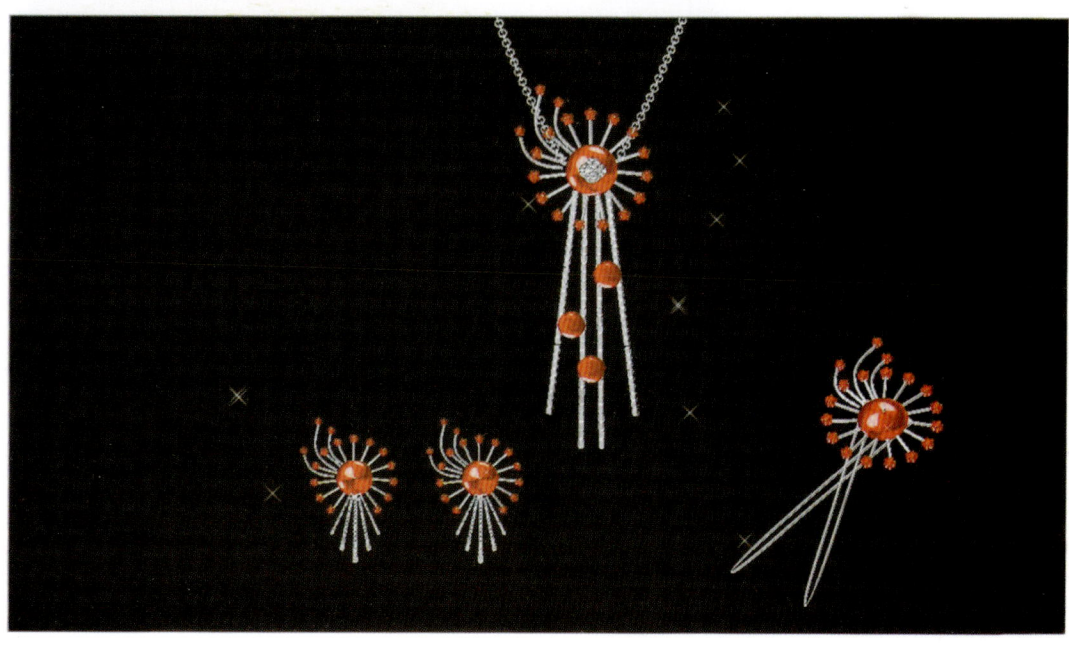

JewelCAD珠宝设计实用教程

作品名称：中国风

设计说明：以黄金为主，项链采用项圈式，用复杂的花式配上珍珠作为主花，两边以大小不一的圆圈配上大小不一的珍珠，不规则的排列在主花两侧，中间配上一串珍珠，用梨型水钻加以点缀，体现中国女性的优雅高尚。

附录

作品名称：中国映像

设计说明：本设计主要以西汉时期的"瓦当"作为设计灵感，经过提取和变形得到不同元素，从而设计出一款具有中国特色的作品，主要表现出中国特有的文化，反映中国人独特的艺术修养。

作品名称：圆满

设计说明：红色与铂金材质相搭配，应用镂空的纹饰图样，表现了爱的炙热。外观的圆形象征着圆满。

作品名称：永恒之心

设计说明：这套作品由白金、黄金、钻石、珍珠组成，体现永恒的价值，优美的线条中透露出稳重而不失大气。

附录

作品名称：高贵
设计说明：设计简单、大方，以铂金、黄金和钻石作为材料，不失高贵之气。

作品名称：星光灿烂
设计说明：运用几何图形和珍珠作为主要元素，组合成富有现代感的首饰。

作品名称： 流行复古

设计说明：主体采用群镶钻形式，项链的链子则是以复古扭绳的方式制作，戒指应用中间镂空的方式。耳环则是用复古耳钉来代替。整幅作品都是以目前最为流行的复古趋势为载体加以创作。

作品名称： 春兰

设计说明：娇贵性感、神秘莫测的兰花素来予人雍容华贵的感觉。通过珠宝匠炉火纯青的技艺，将兰花跃跃欲试的生命力，以及脱俗的美感表现得栩栩如生。

附录

作品名称：琵琶

设计说明：此作品灵感来源于中国传统文化琵琶，琵琶优美的曲线如同古代的女性，婉约如水，而琵琶更能将一个中国女性的优柔气质展现出来。

作品名称： 夏日迷情

设计说明： 采用了花的元素，在造型上将其变形，风格俏丽可爱。

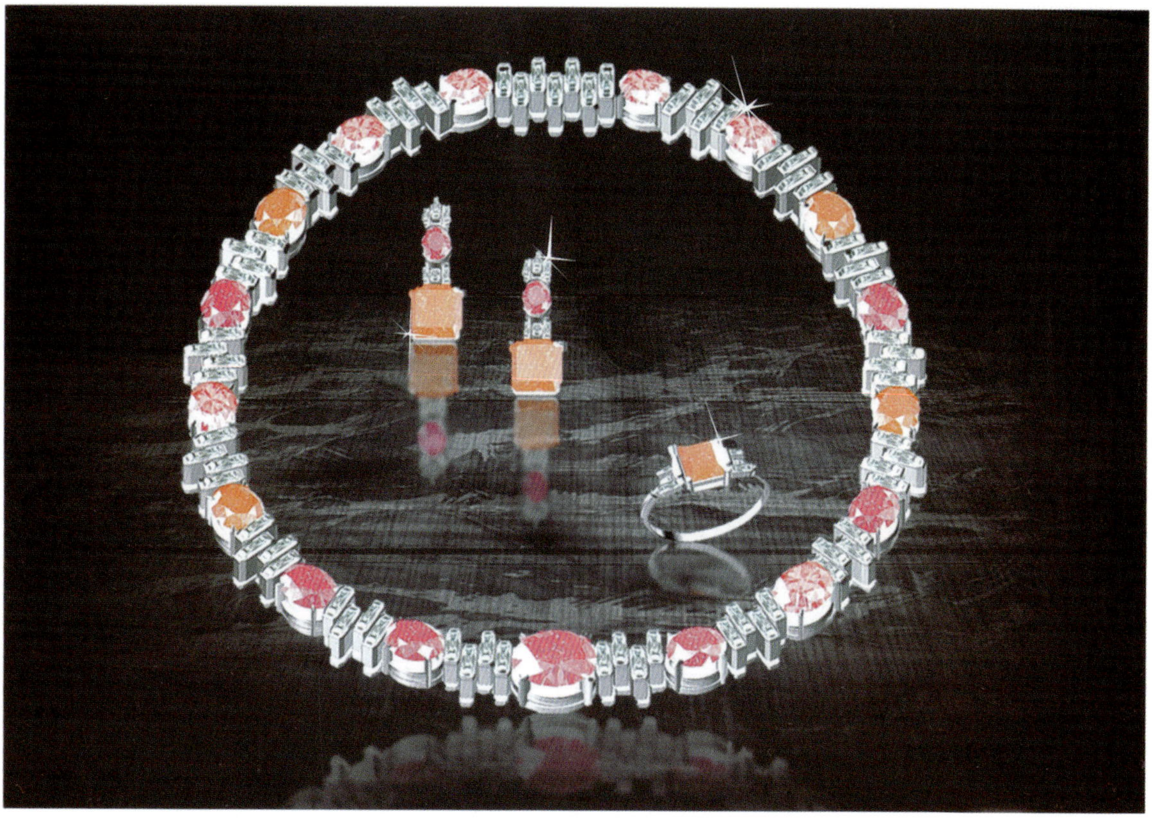

附录

作品名称： 漩美涟漪
设计说明：采用椭圆型和公主方钻型的蓝宝石，随光线角度转变呈现璨紫、晶粉、橙橘的耀彩光芒，枕型切工的钻石完美展现炫彩光芒，极富韵律地纵横交错。

作品名称： Dream
设计说明：此款设计灵感来源于梦，从小到大每个人都有过许多的梦想，它不一定很伟大，但一定是很美的。此款设计外观简约大方，珍珠的温润和钻石的闪耀完美地结合，折射出梦幻的光泽，它们里面似乎装载着从小到大我们做过的那些美梦。

JewelCAD珠宝设计实用教程

作品名称： 绿色风暴
设计说明： 设计来源于绿色环保家园，方代表房子、家，圆代表圆满幸福的生活，也代表圆满的爱情。绿色代表环保。作品给人以清醒的感觉，不失现代时尚感。

作品名称： 火柴天堂
设计说明： 此款设计将铂金与红宝石很好地结合在一起，体现出华丽优美的感觉。

附录

作品名称： Sweet
设计说明： 清新秀丽的风格，给人一种很舒适的感觉，将银和珍珠结合，更体现了该首饰的洁白与高贵气质。

作品名称： 似玉
设计说明： 如花似玉，花季是一个美好的年代，这套首饰采用钻石和铂金，将花季的美好诠释得淋淋尽致，但是似乎又好像少了点什么。

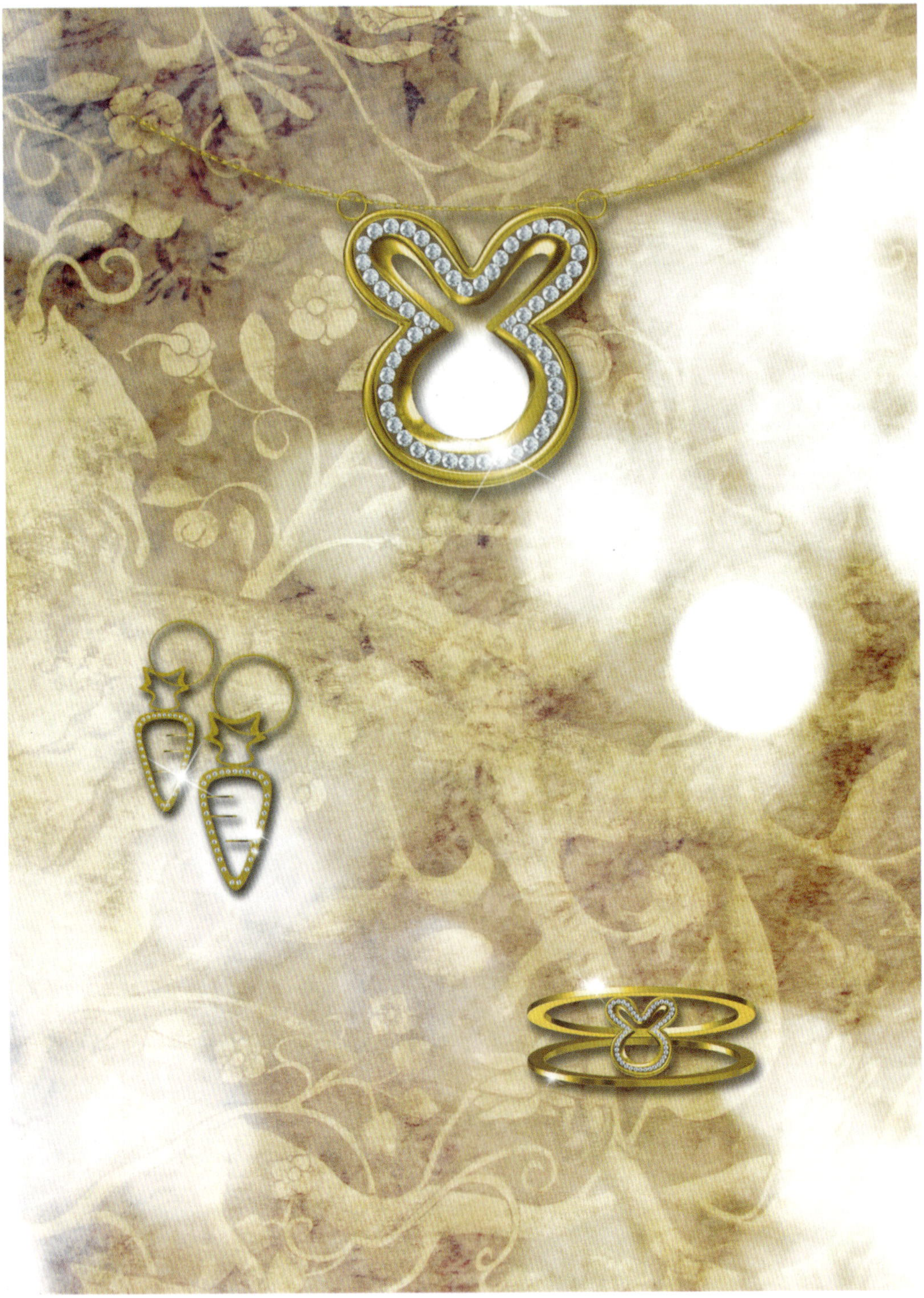

作品名称：月兔

设计说明：2011年是兔年，以兔子作为主体，既活泼又不失韵味。很多人在本命年会买一些自己喜欢的小饰品，这个兔子简单大方，适合广大年轻人及孩子佩戴。耳环用胡萝卜做成的大圈圈耳坠，更显活泼。而戒指和项链都是同款的兔子，并且项链可单独取下作为胸针，或是穿成别的小挂饰。

作品名称： 海洋之心

设计说明： 通过珠宝匠炉火纯青的技艺，将铂金材质表现得具有生命力，以及脱俗的美感。巧夺天工的珍宝，项链上的天然珍珠既可以作为挂饰点缀项链，又可以卸下单独作为胸针佩戴，设计新颖，展现十足女性美，酝酿着惊鸿一瞥的神奇效果。

作品名称： 超越时空

设计说明： 设计灵感来自于 Buccellati 的织纹雕金首饰，现代的造型风格以及黄金、铂金搭配更能体现出一种后现代美，特别是在耳环和戒指上得以展现，钻石和黄金相称，蓝宝石和铂金相容，四种昂贵的材料放在一起，将首饰形态复古感与现代设计元素更好地展现出来。

作品名称： 繁星

设计说明：以繁星为主题，用珠帘将其悬挂着，仿佛看到了流星划过。作品给人以梦想的憧憬，以铂金镶嵌红宝石和蓝宝石的方式，构造出了如若银河般闪烁的质感。高贵华丽的材质，配上纯美的的繁星，若隐若现，和背景的蝴蝶相呼应，给人以视觉的冲击。

作品名称： 舞动地暖悦

设计说明：手镯、耳环、项链组成的三件套作品，造型以圆形为主，颜色为暖色调，旨在达到热情、愉悦、醒目的感觉。

附录

作品名称： 星光熠熠
设计说明： 材料以银为主，给人一种神秘高贵的感觉，同时更显出珠宝的色泽，使珠宝更璀璨、更夺目，更具有强烈的视觉冲击感。在柔和隐秘的灯光下，与背景的颜色对照，凸显珠宝的独特风格与高贵。

作品名称： 雀舞
设计说明： 凤凰盘涅，浴火重生　金黄凤尾上钻石与珍珠的点缀恰到好处地展现了形态的优美，头部饰品又好似羽毛般轻盈，缠绕而上的链饰很好地修饰了女性颈部线条，环羽状耳饰搭配柔白珍珠，凸显了女性的娇媚。

作品名称：星光璀璨

设计说明：运用黄金与珍珠相结合，体现出和谐美好的画面，在设计风格上以简单时尚为主体。

作品名称：霓裳

设计说明：在设计中，运用柔美的线条进行设计，采用珍珠与铂金相结合，风格上简约、大方。

附录

作品名称：忆
设计说明：灵感来源于金属的质感，设计感时尚，以珍珠与铂金相结合，体现出高贵华丽的风格，颇具艺术感。

作品名称：星辰
设计说明：用利落的线条和铂金与珍珠的颜色搭配营造出一种简约、典雅的气质，能很好的表现出佩戴者的简单大气，低调的奢华。

作品名称：旋转

设计说明：以花为设计元素，年轻，活力，绽放。整体上就犹如旋转的花朵一般，主要采用铂金和珍珠的搭配，充分体现了女性的高贵气息。旋转的花朵的简洁让人耳目一新。时尚大方，高贵典雅。

作品名称：黑色幻想

设计说明：很现代感的一个珠宝首饰设计3件套。黑珍珠提升了它的高贵感。不管是材料还是样式都是简约、大方、得体。佩戴之后更显出高贵的气息。

附录

作品名称：面纱

设计说明：红宝石与金属的结合使得造型更简洁、流畅，亮丽的红宝石与金色的戒拖相得益彰，华丽而不庸俗，而银色更添加了光彩，显得更美丽。

作品名称：暗香

设计说明：灵感来源于金属的质感，具有时尚感，颇具艺术感。简洁线条的尊贵心意，崇尚简洁，装饰性少，简单大方。

作品名称：鱼

设计说明：作品以鱼为造型元素进行设计，采用黄金镶嵌钻石的手法，设计风格轻松活泼，非常适合青年人群。

作品名称：灵感

设计说明：铂金的材质加上钻石的点缀，设计简单大方，为年轻女性而设计。

附录

作品名称：纯真年代

设计说明：灵感来源于金属的质感，设计感时尚，简单大方。简单几何线条、颇具艺术感，在突出金属的坚韧感同时，与女性特有的柔美搭配在一起，刚柔并济，完美的合二为一，突出当今时代发展的明快节奏感。此首饰适合比较中性的女性佩戴，更能与首饰很好的结合到一起，简洁线条的尊贵心意，打破了常规意义上的"女人用品首饰"的概念。

作品名称：像花一样

设计说明：以花为主题，年轻，活力，绽放。突出你看起来那么美丽就像花一样的主题，主要采用铂金以及钻石的经典搭配。由项链，耳钉，戒指为主的三件套，充分体现了女性的高贵气息。突出主题花的简洁让人耳目一新。时尚大方，高贵典雅，透有大自然的绿野清新，增添了年轻化元素。

主要参考文献

《首饰 CAD 及快速成型》李天兵编著 中国地质大学出版社

《JewelCAD 中期进阶手册》

《珠宝首饰设计与加工》干大川编著 化学工业出版社

《首饰设计基础》任进编著 中国地质大学出版社